PCB 封装与原理图库工程设计

毛忠宇　董欣俊　黄继耀　编著

電子工業出版社.

Publishing House of Electronics Industry

北京·BEIJING

内容简介

对 PCB 设计者来说，创建原理图符号库和 PCB 封装库是十分基础却又非常重要的工作。只有确保原理图符号库和 PCB 封装库准确无误，才能保证 PCB 设计工作得以顺利开展。本书系统介绍了原理图符号与 PCB 封装建库方法和技巧，主要内容包括封装库基础知识、元器件数据手册封装参数分析、PCB 封装建库工程经验数据、原理图符号与 PCB 封装建库审查案例、多平台原理图符号库与 PCB 封装库设计、PCB 设计文件与封装库在多平台间的转换、PCB 3D 封装库的应用、PCB 封装的命名。

本书适合从事电子产品设计的工程技术人员阅读使用，也可作为相关专业技能培训机构的培训教材，还可作为高等学校相关专业的实践教学用书。

图书在版编目（CIP）数据

PCB 封装与原理图库工程设计/毛忠宇，董欣俊，黄继耀编著．—北京：电子工业出版社，2021.4
ISBN 978-7-121-40885-4

Ⅰ．①P… Ⅱ．①毛… ②董… ③黄… Ⅲ．①印刷电路–计算机辅助设计–应用软件 Ⅳ．①TN410.2

中国版本图书馆 CIP 数据核字（2021）第 055133 号

责任编辑：张　剑
印　　刷：北京七彩京通数码快印有限公司
装　　订：北京七彩京通数码快印有限公司
出版发行：电子工业出版社
　　　　　北京市海淀区万寿路 173 信箱　邮编 100036
开　　本：787×1 092　1/16　印张：17　字数：435 千字
版　　次：2021 年 4 月第 1 版
印　　次：2024 年 7 月第 6 次印刷
定　　价：68.00 元

凡所购买电子工业出版社图书有缺损问题，请向购买书店调换。若书店售缺，请与本社发行部联系，联系及邮购电话：(010)88254888，88258888。
质量投诉请发邮件至 zlts@phei.com.cn，盗版侵权举报请发邮件至 dbqq@phei.com.cn。
本书咨询联系方式：zhang@phei.com.cn。

序　言

随着信号速率的持续提升，作为硬件电路载体的 PCB，越来越受到硬件开发者的关注。近年来，有关高速 PCB 设计、SI/PI 等方面的著作大量涌现，极大地提升了互连工程师和硬件开发者的设计水平。而作为 PCB 设计最为基础的封装库、原理图库等工程设计及相应的工程经验数据，在现有的专业著作中却很少被提及，本书正好填补了这方面的空白。

PCB 封装库、原理图库设计，以及它们在不同 EDA 软件间的相互转换，均属于基础性的工作，其中涉及非常多的不同领域的知识点和经验数据，很多有实力的公司和 PCB 设计室都有专职工程师负责此项工作，这样做可以有效积累及承传经验，避免问题的重复发生。

一个好的原理图库或 PCB 封装库，需要考虑元器件的容差、PCB 工厂的加工能力、可靠性、可装配性等一系列问题。例如，一个 BGA 焊盘的设计，其尺寸需要与后期装配能力相匹配，有时为了配合布线的需要，还要进行削焊盘等特殊的处理，这就需要工程师对整个 PCB 设计和加工过程非常熟悉。另外，电子设备越来越小型化，PCB 密度越来越高，这就对封装库设计的准确性提出了更高的要求；为了避免出现封装干涉问题，还要求封装库能提供 3D 信息，以便设计人员及时发现封装干涉问题。

老友毛忠宇从事高速 PCB、SI 与芯片封装设计 20 余年，积累了非常丰富的工程实践经验。近年来，他先后编写了多部相关著作，在行业内产生了广泛的影响。毛忠宇和他的同事们整理了大量的工程设计数据和案例，花费了近一年时间编写成本书，这是一本很有价值的参考材料，相信广大读者（特别是互连工程师和硬件开发者）能够从本书中受益。

IPC 设计师理事会中国分会主席　袁振华

2020 年 7 月于深圳

前　言

　　"没有最好，只有更好"，这句话用来描述 PCB 设计最恰当不过了。有人说，在 PCB 设计者眼中根本不存在完美的 PCB 设计，每个 PCB 都是一件"充满遗憾的艺术品"。PCB 设计就是一个不断优化、完善的过程。

　　在实际工作中，经常会遇到 PCB 改版的情况，其中绝大部分与原理图符号或 PCB 封装建库错误有关。创建原理图符号库或 PCB 封装库时，需要考虑的因素非常多，如引脚极性、PCB 可加工性、焊盘热处理方式、焊盘尺寸及形状、元器件装配便利性等。其中，PCB 封装焊盘尺寸的设计参数是关键因素，因为焊盘尺寸及形状直接影响 PCB 的可布线、可靠性、电性能、可加工性等。只有确保原理图符号库和 PCB 封装库准确无误，才能保证 PCB 设计工作得以顺利开展。由此可知，对 PCB 设计者来说，创建原理图符号库和 PCB 封装库是十分基础却又非常重要的工作。

　　本书系统介绍了原理图符号与 PCB 封装建库方法和技巧。本书共分 8 章，主要内容包括封装库基础知识、元器件数据手册封装参数分析、PCB 封装建库工程经验数据、原理图符号与 PCB 封装建库审查案例、多平台原理图符号库与 PCB 封装库设计、PCB 设计文件与封装库在多平台间的转换、PCB 3D 封装库的应用、PCB 封装的命名。

　　参加本书编写的作者均有多年从事专业 PCB 设计、仿真与建库的工作经验，接触过的封装库种类繁多，因而书中提供的不同种类封装建库方法及各类数据表有着非常高的工程设计参考价值。不仅如此，本书还介绍了多种常用 PCB 设计软件平台（如 Altium Designer、Mentor、PADS、Allegro 等）之间相互转换 PCB 封装库、原理图符号库的详细方法，并列举了多个案例。当然，这些转换方法同样适用于 PCB 设计文件的转换。在本书的最后一章，还提供了不同封装元器件的命名规则，并附有约 1500 个经过工程验证的常见 PCB 封装库图（1∶1），工程师在封装选型时只需把元器件实物直接放在书中对应的封装图上进行比对，就能确定所选封装是否合适。

　　近年来兴起的 PCB 3D 显示方式，可以将元器件的实际装配效果在前期实时呈现出来，从而避免将空间干涉等问题遗留到后期的装配阶段。本书介绍了 Altium Designer 和 Allegro 软件 3D 元器件库调用显示的操作步骤例子，方便读者快速掌握这些新技能。

　　在动笔写作前，三名作者在一起进行了充分沟通，对全书的结构、主要内容进行了规划，并为每个人分配了详细的写作任务。本书在内容讲解上尽量使用图片进行辅助说明，以便读者学习。书中有很多源自相关元器件数据手册（Datasheet）的图片，以便读者学习直接从元器件数据手册中获取必要信息和关键参数的方法。需要说明的是，为了与原始图片保持一致，本书未对这些源自元器件数据手册的图片信息进行标准化处理，也未对图片中的英文内容进行翻译。

　　尽管我们在案例的实用性、数据的严谨性、内容的可读性等方面进行了积极努力和探索，以期取得最好的效果，但因水平有限，书中难免存在不足或错误之处，敬请广大读者批评指正。作者的联系方式是 76235148@ qq. com 或微信公众号【amao_eda365】。

毛忠宇

目　录

第1章 封装库基础知识

1.1 PCB 封装简介

1. PCB 封装

PCB 封装指的是在印制电路板（Printed-Circuit Board，PCB）上显示的元器件外框及焊盘的图形，即 PCB 封装库中的封装（Footprint）。图 1-1 所示的是表面贴装元器件（Surface Mount Device，SMD）外观图及其 PCB 封装图，图 1-2 所示的是双列直插封装（Dual In-line Package，DIP）元器件外观图及其 PCB 封装图。PCB 封装库设计是 PCB 设计中最基础的部分，一个好的 PCB 封装库设计会考虑 PCB 可加工性、尺寸对 PCB 布线的影响、焊盘的散热、后期的组装、可靠性等诸多因素，因此它的创建涉及很多工程经验数据。

图 1-1　SMD 外观图及其 PCB 封装图　　　图 1-2　DIP 元器件外观图及其 PCB 封装图

2. 封装类型介绍

封装可以简单地按下述方式进行分类。

☺ 按照制造封装的材料的不同，可分为陶瓷封装、金属封装、塑料封装和玻璃封装等。

☺ 按照与 PCB 的连接方式的不同，可分为表面贴装类封装、通孔插装类封装。

☺ 按照外形的不同，可分为 BGA、LGA、SOP、QFP、QFN、PLCC、DIP 等。

球栅阵列（Ball Grid Array，BGA）封装如图 1-3 所示。

触点阵列（Land Grid Array，LGA）封装如图 1-4 所示。

图 1-3　BGA 封装　　　　　　　　图 1-4　LGA 封装

小外形封装（Small Outline Package，SOP）如图1-5所示。

四面引线扁平封装（Quad Flat Package，QFP）如图1-6所示。

图1-5　SOP封装　　　　　　　　　　　图1-6　QFP封装

四面无引线扁平（Quad Flat No-lead，QFN）封装如图1-7所示。

图1-7　QFN封装

塑料有引线片式载体（Plastic Leaded Chip Carrier，PLCC）封装如图1-8所示。

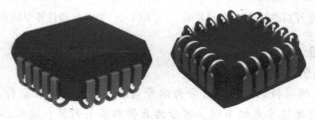

图1-8　PLCC封装

双列直插封装（Dual In-line Package，DIP）如图1-9所示。

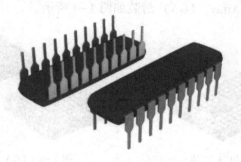

图1-9　DIP封装

1.2　PCB 封装分解

1. PCB 封装组成

一个完整的 PCB 封装通常包含焊盘、丝印外框、元器件位号、第 1 脚或极性标志、禁布区、其他特殊标志或说明。图 1-10 所示的是 Mini USB 插座实物图，图 1-11 所示的则是其 PCB 封装图。

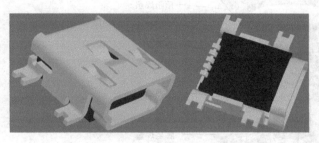

图 1-10　Mini USB 插座实物图

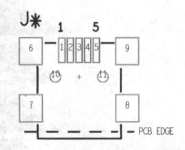

图 1-11　Mini USB 插座的 PCB 封装图

图 1-11 中所示的 PCB 封装包含的各部分名称与功能说明如下。

☺ 焊盘：指的是用于焊接元器件的引脚（Pin），或者安装元器件的定位柱。图 1-11 中的 1~9 为表面贴装焊盘，而 10 和 11 为 2 个非金属孔。

☺ 丝印外框：指的是元器件的大致外形轮廓。在图 1-11 中，黑色实线为 Mini USB 的外形轮廓。

☺ 元器件位号：指的是元器件的标号，它与原理图相对应，如图 1-11 中的 "J*"。

☺ 脚标：用于标注元器件的方向、极性等。在图 1-11 中，用 1 和 5 两个阿拉伯数字标注了这两个引脚对应的位置。

☺ 板边线：用于标注厂商推荐的元器件与 PCB 板边的距离，如图 1-11 中的黑色虚线和 "PCB EDGE" 文字说明。

☺ 禁布区域：有些元器件要求在指定区域内禁止布线和打孔，因此需要在封装图中绘制出来（图 1-11 中没有禁布区）。

2. 封装焊盘的组成

在封装库中，焊盘主要分为表面贴装焊盘和通孔插装焊盘两类。

1）表面贴装焊盘

表面贴装焊盘由铜箔层、阻焊层和钢网层组成。

☺ 铜箔（Copper）层：与元器件引脚相连的铜箔。

☺ 阻焊（Solder Mask）层：绿油开窗，使需要与元器件引脚相连的铜箔裸露出来，其外径一般比铜箔层大 4~6mil（1mil≈25.4μm）。

☺ 钢网（Paste Mask）层：即助焊层。钢网开窗一般与铜箔层等尺寸。

2）通孔插装焊盘

金属化的通孔插装焊盘分解图如图 1-12 所示。各部分的名称及功能如下：

☺ 孔：用于安装通孔插装类元器件的引脚。

3

☺ 焊盘：一个通孔焊盘由顶层焊盘（Top Copper Pad）、底层焊盘（Bottom Copper Pad）、内层焊盘（Inner Copper Pad）等组成。

☺ 阻焊层：分为顶阻焊（Top Solder Mask）层、底阻焊（Bottom Solder Mask）层。

☺ 热焊盘（Thermal Pad）：又称花焊盘，用于连接负片层的铜箔。其作用是防止因过度散热而导致的虚焊或 PCB 起皮。

☺ 反焊盘：又称隔离盘（Anti Pad），用于隔离负片层的铜箔。

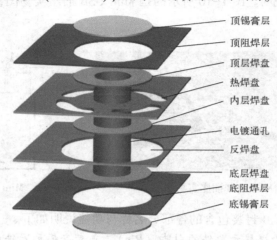

顶锡膏层
顶阻焊层
顶层焊盘
热焊盘
内层焊盘
电镀通孔
反焊盘
底层焊盘
底阻焊层
底锡膏层

图 1-12　金属化通孔插装焊盘分解图

1.3　建库焊盘尺寸参考标准

在 IPC-7351 标准中，将 PCB 分为 3 个密度等级。

☺ 密度等级 A：最大焊盘伸出。适用于高元器件密度应用场合，如便携/手持式产品，或者暴露在高冲击或震动环境中的产品。其焊接结构是最坚固的，并且易返修。

☺ 密度等级 B：中等焊盘伸出。适用于中等元器件密度的产品，具有坚固的焊接结构。

☺ 密度等级 C：最小焊盘伸出。适用于具有较小的焊接结构要求的微型元器件，可实现较高的元器件组装密度。

1. 片状电阻器/电容器/电感器焊盘设计推荐值

片状电阻器/电容器/电感器的外形如图 1-13 所示。

图 1-13　片状电阻器/电容器/电感器的外形

片状电阻器/电容器/电感器焊盘设计推荐值见表 1-1。

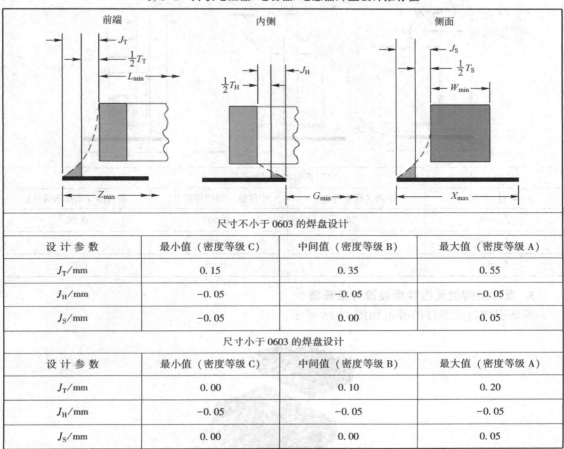

表 1-1 片状电阻器/电容器/电感器焊盘设计推荐值

尺寸不小于 0603 的焊盘设计			
设 计 参 数	最小值（密度等级 C）	中间值（密度等级 B）	最大值（密度等级 A）
J_T/mm	0.15	0.35	0.55
J_H/mm	−0.05	−0.05	−0.05
J_S/mm	−0.05	0.00	0.05
尺寸小于 0603 的焊盘设计			
设 计 参 数	最小值（密度等级 C）	中间值（密度等级 B）	最大值（密度等级 A）
J_T/mm	0.00	0.10	0.20
J_H/mm	−0.05	−0.05	−0.05
J_S/mm	0.00	0.00	0.05

2. 钽电容器及同类封装二极管/M 类电感器焊盘设计推荐值

钽电容器及同类封装二极管/M 类电感器的外形如图 1-14 所示。

图 1-14 钽电容器及同类封装二极管/M 类电感器的外形

钽电容器及同类封装二极管/M 类电感器焊盘设计推荐值见表 1-2。

表 1-2 钽电容器及同类封装二极管/M 类电感器焊盘设计推荐值

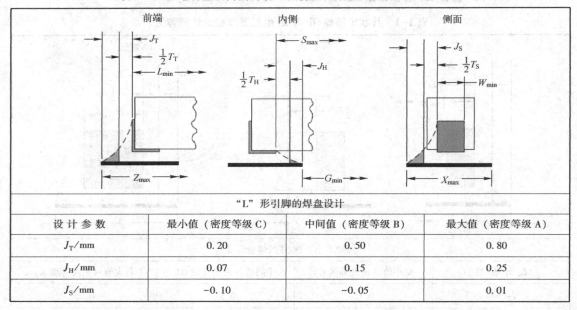

设 计 参 数	最小值（密度等级 C）	中间值（密度等级 B）	最大值（密度等级 A）
J_T/mm	0.20	0.50	0.80
J_H/mm	0.07	0.15	0.25
J_S/mm	−0.10	−0.05	0.01

3. 翼形引脚类元器件焊盘设计推荐值

翼形引脚类元器件的外形如图 1-15 所示。

图 1-15 翼形引脚类元器件的外形

翼形引脚类元器件焊盘设计推荐值见表 1-3。

表 1-3 翼形引脚类元器件焊盘设计推荐值

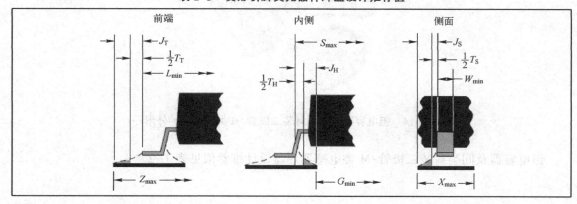

引脚间距大于 0.625mm 时的焊盘设计			
设 计 参 数	最小值（密度等级 C）	中间值（密度等级 B）	最大值（密度等级 A）
J_T/mm	0.15	0.35	0.55
J_H/mm	0.25	0.35	0.45
J_S/mm	0.01	0.03	0.05
引脚间距不大于 0.625mm 时的焊盘设计			
设 计 参 数	最小值（密度等级 C）	中间值（密度等级 B）	最大值（密度等级 A）
J_T/mm	0.15	0.35	0.55
J_H/mm	0.25	0.35	0.45
J_S/mm	−0.04	−0.02	0.01

4. 扁平无引线（QFN/DFN/SON）封装焊盘设计推荐值

QFN 元器件的外形如图 1-16 所示。

图 1-16　QFN 元器件的外形

QFN/DFN/SON 封装焊盘设计推荐值见表 1-4。

表 1-4　QFN/DFN/SON 封装焊盘设计推荐值

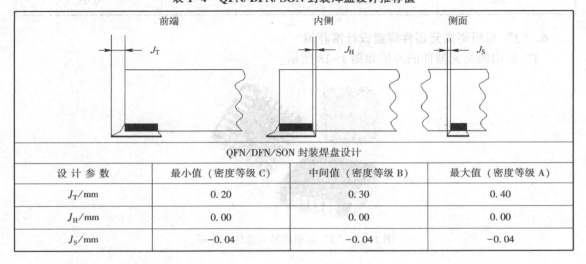

QFN/DFN/SON 封装焊盘设计			
设 计 参 数	最小值（密度等级 C）	中间值（密度等级 B）	最大值（密度等级 A）
J_T/mm	0.20	0.30	0.40
J_H/mm	0.00	0.00	0.00
J_S/mm	−0.04	−0.04	−0.04

5. 无引线片式载体（LCC）封装焊盘设计推荐值

LCC 元器件的外形如图 1-17 所示。

图 1-17　LCC 元器件的外形

LCC 封装焊盘设计推荐值见表 1-5。

表 1-5　LCC 封装焊盘设计推荐值

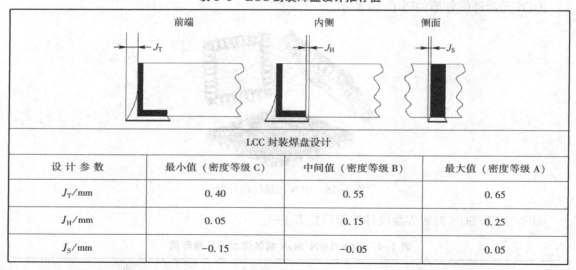

LCC 封装焊盘设计			
设 计 参 数	最小值（密度等级 C）	中间值（密度等级 B）	最大值（密度等级 A）
J_T/mm	0.40	0.55	0.65
J_H/mm	0.05	0.15	0.25
J_S/mm	-0.15	-0.05	0.05

6. "J"形引脚类元器件焊盘设计推荐值

"J"形引脚类元器件的外形如图 1-18 所示。

图 1-18　"J"形引脚类元器件的外形

8

"J"形引脚类元器件焊盘设计推荐值见表 1-6。

表 1-6　"J"形引脚类元器件焊盘设计推荐值

设 计 参 数	最小值（密度等级 C）	中间值（密度等级 B）	最大值（密度等级 A）
J_T/mm	0.15	0.35	0.55
J_H/mm	−0.30	−0.20	−0.10
J_S/mm	0.01	0.03	0.05

7. 球栅阵列（BGA/CSP）封装焊盘设计推荐值

BGA 元器件的外形如图 1-19 所示。

图 1-19　BGA 元器件的外形

BGA/CSP 封装焊盘设计推荐值见表 1-7。

9

表 1-7　BGA/CSP 封装焊盘设计推荐值

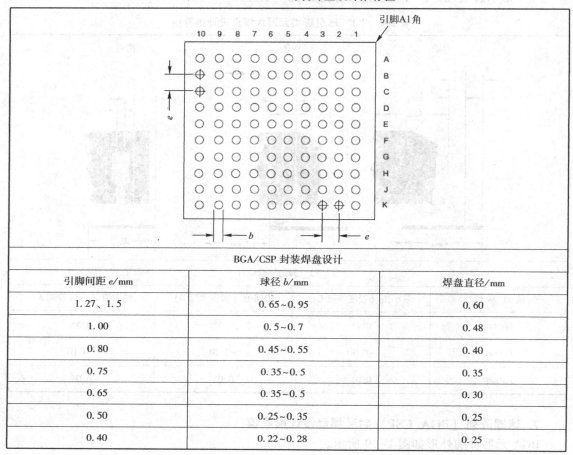

BGA/CSP 封装焊盘设计

引脚间距 e/mm	球径 b/mm	焊盘直径/mm
1.27、1.5	0.65~0.95	0.60
1.00	0.5~0.7	0.48
0.80	0.45~0.55	0.40
0.75	0.35~0.5	0.35
0.65	0.35~0.5	0.30
0.50	0.25~0.35	0.25
0.40	0.22~0.28	0.25

1.4 PCB 封装建库工艺考虑

PCB 封装建库是为了便于加工生产、提高良率，有时需要根据经验进行一些特殊的处理，如偷锡焊盘、焊盘泪滴处理、大焊盘钢网分块等。

1. 偷锡焊盘

偷锡，顾名思义就是"偷走"焊点上过多的锡。进行波峰焊时，经常会在焊盘间距较小的元器件处出现连锡现象。因此，为了在生产中避免这种缺陷的产生，需要在元器件的尾部加一对虚拟焊盘（即偷锡焊盘）来牵引熔锡，避免连锡现象的发生。相对过炉方向而言，偷锡焊盘必须在需要被偷锡焊点的后端，焊盘设计的偷锡方向与过板方向最好平行。

☺ 插件元器件每排引脚较多，当焊盘排列方向平行于进板方向，相邻焊盘边缘间距为 0.6~1.0mm 时，推荐采用椭圆形焊盘或增加偷锡焊盘，如图 1-20 所示。

☺ 对于 QFP 或 SOP 封装的 IC，需要使用波峰焊接工艺时，必须增大边角焊盘的宽度，以起到偷锡的作用。图 1-21 所示的是 QFP 元器件波峰焊偷锡焊盘设计图。

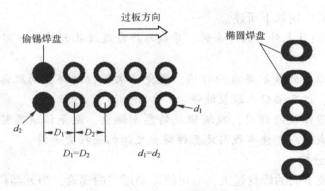

图 1-20　插件元器件偷锡焊盘设计图

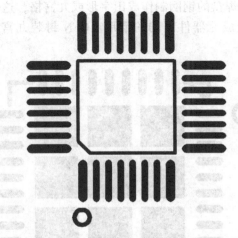

图 1-21　QFP 元器件波峰焊偷锡焊盘设计图

2. 焊盘泪滴处理

泪滴焊盘也称泪珠焊盘，是指 PCB 上的焊盘与铜箔布线之间的线连接为泪滴状，如图 1-22 所示。

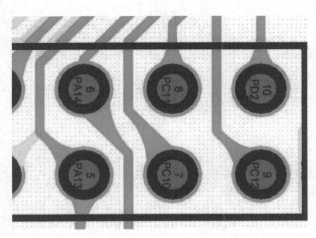

图 1-22　泪滴焊盘

泪滴焊盘的主要作用如下所述。

☺ 避免 PCB 受到巨大外力的冲击时，导线与焊盘或过孔的接触点断开，也可使 PCB 显得更加美观。

☺ 在焊接上可以起到保护焊盘的作用，避免多次焊接时焊盘的脱落，也可以避免生产时蚀刻不均，过孔偏位出现裂缝等。

☺ 可以起到平滑阻抗的作用，减缓阻抗的急剧跳变，避免传输高频信号时由于线宽突然变小而造成反射，使布线与元器件焊盘之间的连接更平滑。

3. 大焊盘钢网分块

有些元器件封装下面的焊盘过大，有可能印刷过多的锡膏，当元器件经过回流焊时，会造成元器件浮起，形成空焊、焊锡外溢和周围引脚短路等问题。例如，对于常用的 QFN 封装，可以考虑将其底部中间焊盘的钢网制作成田字形或九宫格，这样经过回流焊时，就不会因锡膏全部熔融成一团而造成元器件浮动的情形。QFN 封装九宫格钢网效果图如图 1-23 所示。

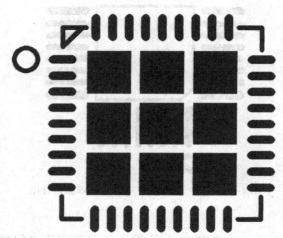

图 1-23　QFN 封装九宫格钢网效果图

第2章　元器件数据手册封装参数分析

2.1　三视图与标注

在元器件数据手册（DATASHEET）中，经常提供元器件的三视图，用于描述元器件引脚的尺寸、引脚间距和元器件的总体尺寸，使用户对元器件有一个全面的认识。大多数元器件数据手册会提供比较规范的三视图，有些简单的只提供了两个视图，但这两个视图足以表达所有的元器件尺寸信息。对于一些较为复杂的封装，还会附带立体图。了解三视图的基本概念，有助于更好地理解元器件尺寸。下面介绍三视图的基本概念及常用标注方法。

1. 三视图

三视图就是主视图、俯视图、左视图的总称。从立体图形的正面、上面和左侧面3个方向进行平行投影，即可得到3个平面视图。三视图投影示意如图2-1所示。

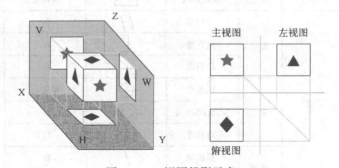

图2-1　三视图投影示意

☺ 主视图：从前往后看，得到V平面上的投影图形，主要体现元器件的长与高。

☺ 俯视图：从上往下看，得到H平面上的投影图形，主要体现元器件的长与宽。

☺ 左视图：从左往右看，得到W平面上的投影图形，主要体现元器件的宽与高。

三个视图之间的关系是长对正、高平齐、宽相等，即主视图与俯视图的长度要相等，主视图与左视图的高度要相等，左视图与俯视图的宽度要相等。

2. 尺寸标注符号

尺寸标注的数值是反映元器件实际尺寸的依据，因此必须了解常用尺寸标注符号的含义。

常用的尺寸标注符号或缩写如图2-2所示。

常用的公差标注符号如图2-3所示。

含义	符号或缩写	含义	符号或缩写
直径	ϕ	均布	EQS
半径	R	正方形	□
球面直径	$S\phi$	深度	↓
球面半径	SR	沉孔或锪平	⊔
厚度	t	埋头孔	∨
45°倒角	C		

图 2-2　常用的尺寸标注符号或缩写

公差		特征项目	符号	有或无基准要求
形状	形状	直线度	—	无
		平面度	▱	无
		圆度	○	无
		圆柱度	⌭	无
形状或位置	轮廓	线轮廓度	⌒	有或无
		面轮廓度	⌓	有或无
位置	定向	平行度	//	有
		垂直度	⊥	有
		倾斜度	∠	有
	定位	位置度	⊕	有或无
		同轴(同心)度	◎	有
		对称度	=	有
	跳动	圆跳动	↗	有
		全跳动	↗↗	有

图 2-3　常用的公差标注符号

2.2　元器件封装尺寸描述

2.2.1　元器件数据手册中的元器件封装

在元器件数据手册中，元器件规格部分通常会同时存在俯视图（Top View）和仰视图（Bottom View）。由于大多数元器件的引脚在其底部，通过仰视图能更直观地看到引脚间距及其分布情况，而设计 PCB 封装时，是以元器件的俯视图进行设计的，查看仰视图时需要进行镜像。

14

下面通过两个封装例子来说明元器件规格部分的相关视图。

1. BGA 封装视图

图 2-4 所示为元器件数据手册中的 BGA 封装视图。

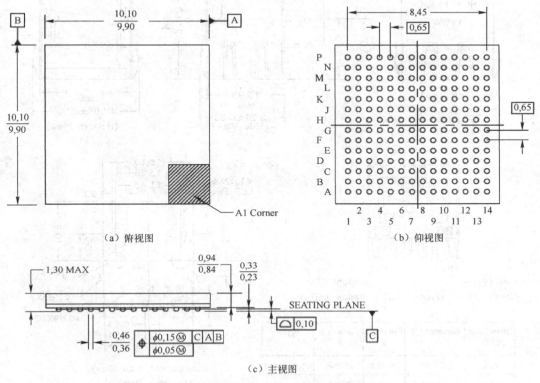

（a）俯视图　　　　　　　　　　（b）仰视图

（c）主视图

图 2-4　元器件数据手册中的 BGA 封装视图

☺俯视图：从元器件的顶部向下看，从中可以获知元器件的长、宽尺寸，如图 2-4（a）
所示。

☺仰视图：从元器件的底部向上看，从中可以获知元器件底部由 14 排 14 列的圆形引脚
组成，还可以获知引脚之间的距离，如图 2-4（b）所示。

☺主视图：从元器件的正面看，从中可以获知元器件的高度信息，如图 2-4（c）
所示。

2. RJ45 封装视图

图 2-5 所示为元器件数据手册中的 RJ45 封装视图。

☺俯视图：未标注尺寸。

☺侧视图：标注了元器件的宽度、高度，以及引脚到外框的距离。

☺仰视图：标注了元器件的长度，以及引脚的分布情况。

☺主视图：未标注尺寸。

☺封装图：厂商推荐的封装尺寸图（Mounting Pattern）；元器件面图（Component Side
View）是与元器件接触的安装面视图，封装直接按这个图来创建。

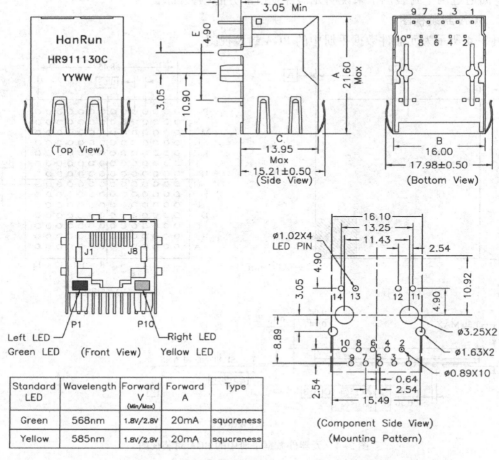

图 2-5　元器件数据手册中的 RJ45 封装视图

2.2.2　封装尺寸数据的获取

元器件数据手册提供的封装视图中标注了很多尺寸，有些尺寸对 PCB 封装设计来说是不需要的，因此设计元器件的 PCB 封装时，需要从中提取必要的设计参数。下面通过两个例子来介绍封装尺寸数据的获取。

1. 表贴元器件封装尺寸数据

在表贴元器件的 PCB 封装设计中，涉及的尺寸数据主要有引脚间距、引脚的长宽尺寸、元器件外框尺寸、元器件高度。

图 2-6 所示为一个元器件数据手册给出的 SOP 封装信息。其中，PCB 封装建库时需要用到的数据如下所述。

（1）单位：标注尺寸单位为 mm，括号内的尺寸单位是 in。

（2）焊盘间距：相邻两个引脚之间的中心间距为 1.27mm，两排引脚的外沿距离为 5.80~6.20mm。

（3）焊盘尺寸：引脚的宽度为 0.31~0.51mm，引脚焊接部分的长度为 0.40~1.27mm。

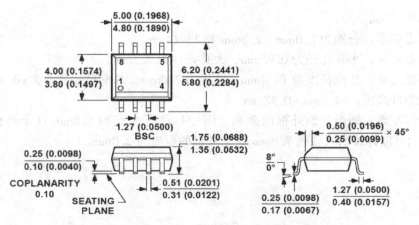

Dimensions shown in millimeters and (inches)

图 2-6　一个元器件数据手册给出的 SOP 封装信息

（4）外框尺寸：外框长度为 4.80~5.00mm，外框宽度为 3.80~4.00mm。

（5）元器件高度：1.35~1.75mm。

2. 通孔元器件封装尺寸数据

通孔元器件在 PCB 封装设计中涉及的尺寸数据包括引脚间距、引脚尺寸、引脚到外框的距离、元器件外框尺寸、元器件高度。

图 2-7 所示为一个元器件数据手册给出的立式 USB 元器件封装信息。其中，PCB 封装建库时需要用到的数据如下所述。

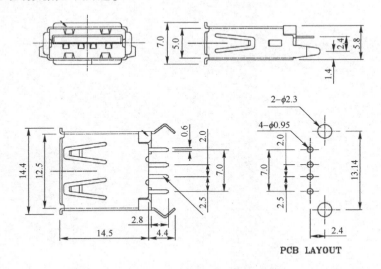

图 2-7　一个元器件数据手册给出的立式 USB 元器件封装信息

（1）单位：mm。

（2）焊盘间距：分别为 2.0mm、2.5mm 和 13.14mm。

（3）焊盘尺寸：小孔孔径为 0.95mm，大孔孔径为 2.3mm。

（4）外框尺寸：外框长度为 14.4mm，宽度为 7.0mm。外框尺寸公差为±0.38mm。

（5）元器件高度：14.5mm±0.38mm。

（6）盘框距离：即焊盘到外框的距离。图中标注了大孔到 5.8mm 这个外框的距离为 1.4mm，由此可以计算出大孔到 7.0mm 这个外框的距离为 2.0mm。

第3章　PCB 封装建库工程经验数据

本章主要介绍常见封装形式（如 SOP、QFP、QFN、DFN、BGA、LGA、PLCC、SOJ、DIP 等）在创建封装库时涉及的封装数据。这些数据均经过工程生产的验证，对 PCB 封装的创建有极高参考价值。

3.1　SOP 封装

1. SOP 封装信息

图 3-1 所示的是一个元器件数据手册给出的翼形引脚的 SOP 封装信息。

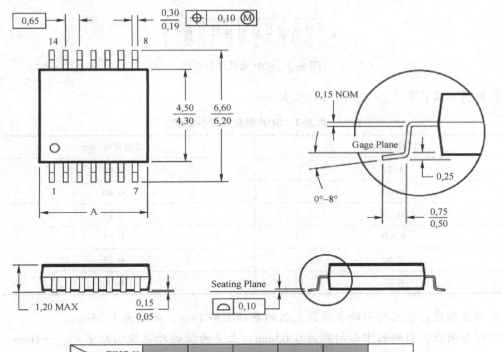

PINS ** DIM	8	14	16	20	24	28
A MAX	3,10	5,10	5,10	6,60	7,90	9,80
A MIN	2,90	4,90	4,90	6,40	7,70	9,60

图 3-1　一个元器件数据手册给出的翼形引脚的 SOP 封装信息

19

设计 PCB 封装库时，需要提取的数据如下所述。

（1）引脚数：分为 8、14、16、20、24 和 28 六种，此处以 20 引脚为例。

（2）引脚尺寸：引脚宽度是 0.19~0.30mm，引脚焊接部分的长度是 0.50~0.75mm。

（3）引脚间距：相邻引脚的中心间距为 0.65mm，两排引脚的外边缘距离为 6.20~6.60mm。

（4）外框尺寸：外框长度为 6.40~6.60mm，外框宽度为 4.30~4.50mm。

（5）引脚排序：由顶视图可知，引脚按逆时针顺序排列。

2. SOP 封装尺寸设计参考

元器件数据手册中给出的 SOP 元器件外形图如图 3-2 所示。

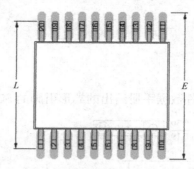

图 3-2　SOP 元器件外形图

☺ 焊盘宽度：见表 3-1，此处取 0.35mm。

表 3-1　SOP 焊盘宽度参数表

引脚间距/mm	焊盘宽度/mm
1.27	0.60
0.80	0.40
0.65	0.35
0.635	0.35
0.50	0.25
0.40	0.20

☺ 焊盘长度：在实际引脚长度最大值的基础上加 1mm，此处为 1.75mm。

☺ 焊盘间距：引脚的中心间距为 0.65mm，上下两排的外边缘间距 $E = L_{max} + 1mm$，此处为 7.6mm。

☺ 丝印外框：取最大值，长度为 6.6mm，宽度为 4.5mm。

3.2　QFP 封装

1. QFP 封装信息

图 3-3 所示的是一个元器件数据手册给出的翼形引脚的 QFP 封装信息。

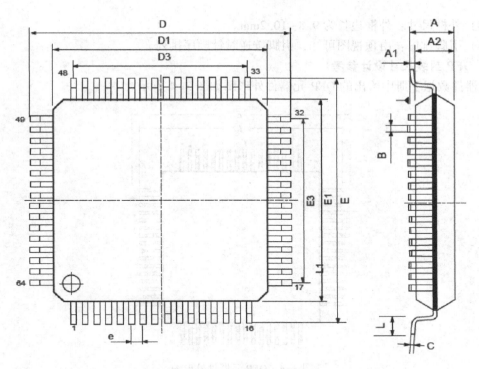

DIMENSIONS						
REF.	mm			inch		
	MIN.	TYP.	MAX.	MIN.	TYP.	MAX.
A			1.6			0.063
A1	0.05		0.15	0.002		0.006
A2	1.35	1.40	1.45	0.053	0.055	0.057
B	0.17	0.22	0.27	0.007	0.009	0.011
C	0.09		0.20	0.004		0.008
D	11.80	12.00	12.20	0.465	0.472	0.480
D1	9.80	10.00	10.20	0.386	0.394	0.402
D3		7.50			0.295	
E	11.80	12.00	12.20	0.465	0.472	0.480
E1	9.80	10.00	10.20	0.386	0.394	0.402
E3		7.50			0.295	
e		0.50			0.020	
L	0.45	0.60	0.75	0.018	0.024	0.030
L1		1.00			0.039	
K	0°	3.5°	7°	0°	3.5°	7°

图 3-3 一个元器件数据手册给出的翼形引脚的 QFP 封装信息

设计 PCB 封装库时，需要提取的数据如下所述。

（1）引脚数：总共 64 个引脚，四边均匀分布，每一边有 16 个引脚。

（2）引脚尺寸：引脚宽度为 0.17～0.27mm，引脚长度为 0.45～0.75mm。

（3）引脚间距：引脚的中心间距为 0.5mm，左右、上下 2 排引脚的外边缘距离为 11.8～12.2mm。

（4）外框尺寸：外框边长为9.8~10.2mm。

（5）引脚排序：由顶视图可知，引脚按逆时针顺序排列。

2. QFP封装尺寸设计参考

元器件数据手册中给出的QFP元器件外形图如图3-4所示。

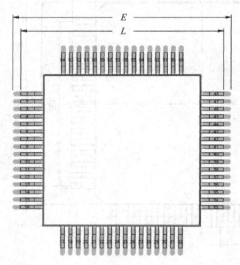

图3-4　QFP元器件外形图

☺焊盘宽度：见表3-2，此处取0.25mm。

表3-2　QFP焊盘宽度参数表

引脚间距/mm	焊盘宽度/mm
1.27	0.60
0.80	0.40
0.65	0.35
0.635	0.35
0.50	0.25
0.40	0.20

☺焊盘长度：在实际引脚长度最大值的基础上加1mm，此处为1.75mm。

☺焊盘间距：引脚的中心间距为0.5mm，外边缘间距$E=L_{max}+1$mm，此处为13.2mm。

☺丝印外框：取最大值，长度为10.2mm，宽度为10.2mm。

3.3　QFN封装

1. QFN封装信息

图3-5所示的是一个元器件数据手册给出的QFN封装信息。

22

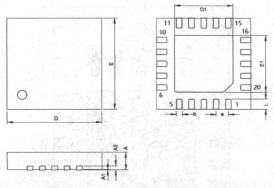

Symble	DIMENSION IN MM		
	MIN.	NOM.	MAX.
A	0.90	0.95	1.00
A1	0.00	---	0.05
A2	0.19	0.20	0.21
D	4.95	5.00	5.05
E	4.95	5.00	5.05
D1	3.00	3.10	3.20
E1	3.00	3.10	3.20
b	0.18	0.23	0.28
e	0.65 TYP		
L	0.45	0.55	0.65

图 3-5 一个元器件数据手册给出的 QFN 封装信息

设计 PCB 封装库时，需要提取的数据如下所述。

（1）引脚数：总共 20 个引脚，四边均匀分布，每一边有 5 个引脚。

（2）引脚尺寸：引脚宽度为 0.18~0.28mm，引脚长度为 0.45~0.65mm；中间大焊盘边长为 3.0~3.2mm。

（3）引脚间距：引脚的中心间距为 0.65mm，左右（或上下）两排引脚的外边缘距离为 4.95~5.05mm。

（4）外框尺寸：外框边长为 4.95~5.05mm。

（5）引脚排序：由顶视图可知，引脚按逆时针顺序排列。

2. QFN 封装尺寸设计参考

元器件数据手册中给出的 QFN 元器件外形图如图 3-6 所示。

☺ 小焊盘宽度：见表 3-3，此处取 0.35mm。

表 3-3　QFN 焊盘宽度参数表

引脚间距/mm	焊盘宽度/mm
1.27	0.60
0.80	0.40
0.65	0.35
0.635	0.35
0.50	0.25
0.40	0.20

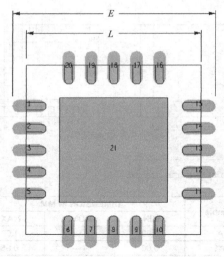

图 3-6 QFN 元器件外形图

☺ 小焊盘长度：在实际引脚长度中间值的基础上加 0.4mm，此处为 0.95mm。

☺ 中间大焊盘尺寸：按实际中间值（不加大），此处为 3.1mm。

☺ 焊盘间距：引脚的中心间距为 0.65mm，外边缘间距 $E = L_{nom} + 0.8mm$，此处为 5.8mm。

☺ 丝印外框：取最大值，长度为 5.05mm，宽度为 5.05mm。

3.4 DFN 封装

1. DFN 封装信息

图 3-7 所示的是一个元器件数据手册给出的 DFN 封装信息。

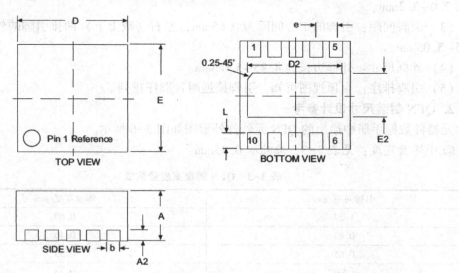

图 3-7 一个元器件数据手册给出的 DFN 封装信息

PACKAGE DIMENSIONS						
	MILLIMETERS			INCHES		
DIM	MIN	NOM	MAX	MIN	NOM	MAX
A	0.45	0.50	0.55	0.017	0.019	0.021
A2	-	0.13	-	-	0.005	-
b	0.20	0.25	0.30	0.007	0.009	0.011
D	2.90	3.00	3.10	0.113	0.117	0.120
D2	2.45	2.50	2.55	0.095	0.097	0.099
E	2.90	3.00	3.10	0.113	0.117	0.120
E2	1.75	1.80	1.85	0.068	0.070	0.072
e	-	0.50	-	-	0.019	-
L	0.35	0.40	0.45	0.013	0.015	0.017

图 3-7　一个元器件数据手册给出的 DFN 封装信息（续）

设计 PCB 封装库时，需要提取的数据如下所述。

（1）引脚数：总共 10 个引脚，上下两边各 5 个引脚。

（2）引脚尺寸：引脚宽度为 0.2~0.3mm，引脚长度为 0.35~0.45mm；中间大焊盘的长度为 2.45~2.55mm，宽度为 1.75~1.85mm。

（3）引脚间距：引脚的中心间距为 0.5mm，上下两排引脚的外边缘距离为 2.9~3.1mm。

（4）外框尺寸：外框边长为 2.9~3.1mm。

（5）引脚排序：由顶视图可知，引脚按逆时针顺序排列。

2. DFN 封装尺寸设计参考

元器件数据手册中给出的 DFN 元器件外形图如图 3-8 所示。

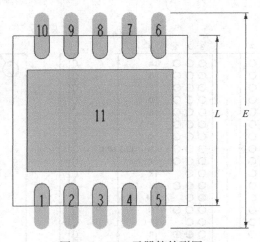

图 3-8　DFN 元器件外形图

☺ 小焊盘宽度：见表 3-4，此处取 0.25mm。

25

表 3-4　DFN 焊盘宽度参数表

引脚间距/mm	焊盘宽度/mm
1.27	0.60
0.80	0.40
0.65	0.35
0.635	0.35
0.50	0.25
0.40	0.20

☺ 小焊盘长度：在实际引脚长度中间值的基础上加 0.4mm，此处为 0.8mm。

☺ 中间大焊盘尺寸：按实际中间值（不加大），此处为 2.5mm×1.8mm。

☺ 焊盘间距：引脚的中心间距为 0.5mm，外边缘间距 $E = L_{nom} + 0.8mm$，此处为 3.8mm。

☺ 丝印外框：取最大值，长度为 3.1mm，宽度为 3.1mm。

3.5　BGA 封装

1. BGA 封装信息

图 3-9 所示的是一个元器件数据手册给出的 BGA 封装信息。

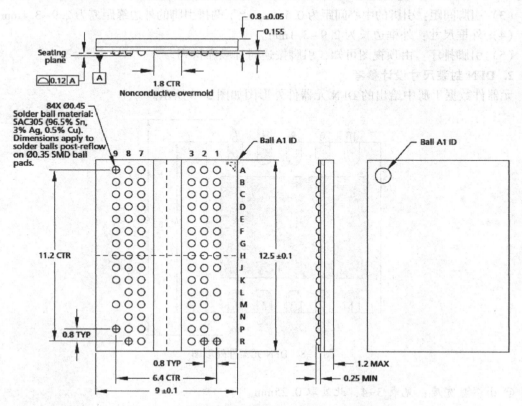

图 3-9　一个元器件数据手册给出的 BGA 封装信息

设计 PCB 封装库时，需要提取的数据如下所述。

（1）引脚数：总共 84 个引脚，分成 6 排，其中内部 4 排每排有 15 个引脚，外侧两排每排有 12 个引脚。

（2）引脚尺寸：引脚直径为 0.45mm。

（3）引脚间距：引脚的中心间距为 0.8mm。

（4）外框尺寸：外框形状为 9mm×12.5mm 的长方形，公差为±0.1mm。

（5）引脚排序：由顶视图可知，引脚是逐行排列的。

2. BGA 封装尺寸设计参考

元器件数据手册中给出的 BGA 元器件外形图如图 3-10 所示。

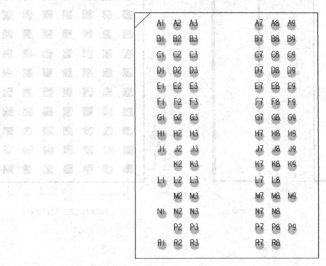

图 3-10　BGA 元器件外形图

☺ 焊盘直径：见表 3-5，此处取 0.4mm。

表 3-5　BGA 焊盘直径参数表

引脚间距/mm	焊盘直径/mm
1.27	0.60
1.00	0.50
0.80	0.40
0.75	0.35
0.65	0.30
0.50	0.25
0.40	0.25

☺ 焊盘间距：引脚的中心间距为 0.8mm。

☺ 丝印外框：取最大值，长度为 12.6mm，宽度为 9.1mm。

3.6 LGA 封装

1. LGA 封装信息

图 3-11 所示的是一个元器件数据手册给出的 LGA 封装信息。

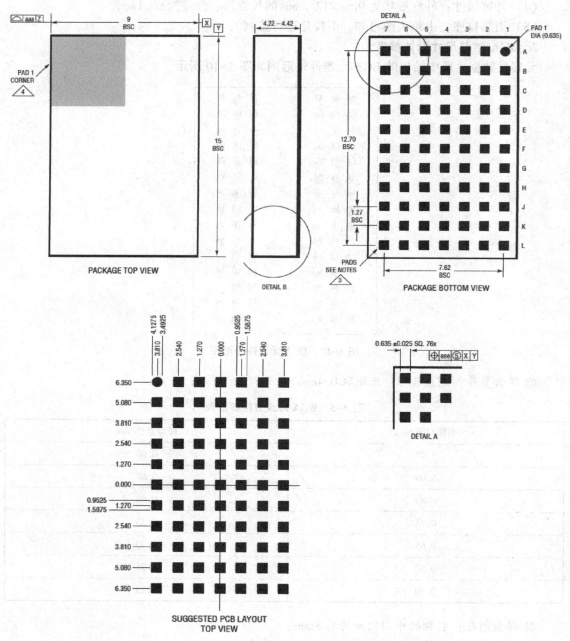

图 3-11　一个元器件数据手册给出的 LGA 封装信息

设计 PCB 封装库时，需要提取的数据如下所述。

（1）引脚数：总共 77 个引脚，分成 7 排，每排 11 个引脚。

（2）引脚尺寸：正方形的引脚边长为 0.635mm，公差为±0.025mm；第一个引脚为圆形引脚。

（3）引脚间距：引脚的中心间距为 1.27mm。

（4）外框尺寸：外框形状为 9mm×15mm 的长方形。

（5）引脚排序：由顶视图可知，引脚是逐行排列的。

2. LGA 封装尺寸设计参考

元器件数据手册中给出的 LGA 元器件外形图如图 3-12 所示。

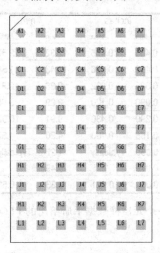

图 3-12　LGA 元器件外形图

☺ 焊盘尺寸：如果元器件数据手册中有推荐的焊盘尺寸，按推荐值设计；如果没有推荐值，应按实际引脚尺寸的最大值设计。此处取推荐值 0.635mm。

☺ 焊盘间距：引脚的中心间距为 1.27mm。

☺ 丝印外框：取最大值，长度为 15mm，宽度为 9mm。

3.7　PLCC 封装

1. PLCC 封装信息

图 3-13 所示的是一个元器件数据手册给出的 PLCC 封装信息。

设计 PCB 封装库时，需要提取的数据如下所述。

（1）引脚数：总共 28 个引脚，四边均匀分布，每一边有 7 个引脚。

（2）引脚尺寸：引脚宽度为 0.33~0.53mm。

（3）引脚间距：引脚的中心间距为 1.27mm，左右、上下两排引脚的外边缘距离为 12.32~12.57mm。

（4）外框尺寸：外框边长为 11.43~11.58mm。

（5）引脚排序：由顶视图可知，第 1 引脚在中间，按逆时针顺序排列。

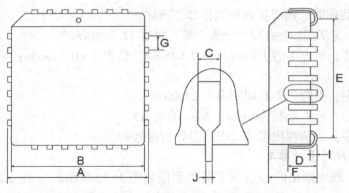

	Inches		mm	
	Min	Max	Min	Max
A	0.485	0.495	12.32	12.57
B	0.450	0.456	11.43	11.58
C	0.026	0.032	0.66	0.81
D	0.090	0.120	2.29	3.05
E	0.390	0.430	9.91	10.92
F	0.165	0.180	4.20	4.57
G	0.050	Typically	1.27	Typically
I	0.019		0.49	
J	0.013	0.021	0.33	0.53

图 3-13　一个元器件数据手册给出的 PLCC 封装信息

2. PLCC 封装尺寸设计参考

元器件数据手册中给出的 PLCC 元器件外形图如图 3-14 所示。

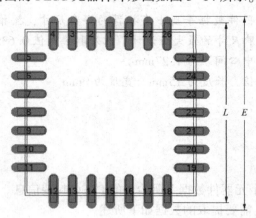

图 3-14　PLCC 元器件外形图

☺ 焊盘宽度：取实际宽度的最大值。最小值为 0.6mm。此处为 0.6mm。

☺ 焊盘长度：2.2mm。

☺ 焊盘间距：引脚的中心间距为 1.27mm；外边缘间距 $E=L_{max}+1$mm，此处为 13.57mm。

☺ 丝印外框：取最大值，长度为 11.58mm，宽度为 11.58mm。

3.8 SOJ 封装

1. SOJ 封装信息

图 3-15 所示的是一个元器件数据手册给出的 SOJ 封装信息。

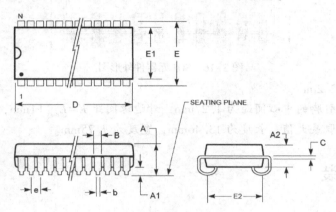

Sym.	MILLIMETERS			INCHES		
	Min.	Typ.	Max.	Min.	Typ.	Max.
NO. Leads		20				
A	—	—	3.56	—	—	0.140
A1	0.64	—	—	0.025	—	—
A2	2.41	—	2.67	0.095	—	0.105
b	0.41	—	0.51	0.016	—	0.020
B	0.66	—	0.81	0.026	—	0.032
C	0.20	—	0.25	0.008	—	0.010
D	13.21	—	13.46	0.520	—	0.530
E	8.26	—	8.76	0.325	—	0.345
E1	7.49	—	7.75	0.295	—	0.305
E2	6.27	—	7.29	0.247	—	0.287
e	1.27 BSC			0.050 BSC		

图 3-15　一个元器件数据手册给出的 SOJ 封装信息

设计 PCB 封装库时，需要提取的数据如下所述。

（1）引脚数：根据元器件型号来确认引脚的个数，此处以 20 引脚为例。

（2）引脚尺寸：引脚宽度为 0.41~0.51mm。

（3）引脚间距：引脚的中心间距为 1.27mm，上、下两排引脚的外边缘距离为 8.26~8.76mm。

（4）外框尺寸：长度为 13.21~13.46mm，宽度为 7.49~7.75mm。

（5）引脚排序：由顶视图可知，引脚按逆时针顺序排列。

2. SOJ 封装尺寸设计参考

元器件数据手册中给出的 SOJ 元器件外形图如图 3-16 所示。

☺ 焊盘宽度：取实际宽度的最大值。最小值为 0.6mm。此处为 0.6mm。

31

图 3-16　SOJ 元器件外形图

☺ 焊盘长度：2.2mm。

☺ 焊盘间距：引脚的中心间距为 1.27mm，外边缘间距 $E=L_{max}+1$mm，此处为 9.76mm。

☺ 丝印外框：取最大值，长度为 13.46mm，宽度为 7.75mm。

3.9　DIP 封装

1. DIP 封装信息

图 3-17 所示的是一个元器件数据手册给出的 DIP 封装信息。

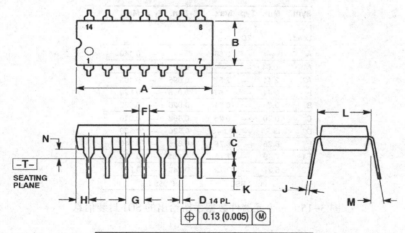

DIM	INCHES		MILLIMETERS	
	MIN	MAX	MIN	MAX
A	0.715	0.770	18.16	19.56
B	0.240	0.260	6.10	6.60
C	0.145	0.185	3.69	4.69
D	0.015	0.021	0.38	0.53
F	0.040	0.070	1.02	1.78
G	0.100 BSC		2.54 BSC	
H	0.052	0.095	1.32	2.41
J	0.008	0.015	0.20	0.38
K	0.115	0.135	2.92	3.43
L	0.290	0.310	7.37	7.87
M	---	10 °	---	10 °
N	0.015	0.039	0.38	1.01

图 3-17　一个元器件数据手册给出的 DIP 封装信息

设计 PCB 封装库时，需要提取的数据如下所述。

（1）引脚数：总共 14 个引脚，上下两排各 7 个引脚。

（2）引脚尺寸：引脚是长方形的插针，长度为 0.38~0.53mm，宽度为 0.20~0.38mm。

（3）引脚间距：引脚的中心间距为 2.54mm，上、下两排引脚的中心距离为 7.37~7.87mm。

（4）外框尺寸：长度为 18.16~19.56mm，宽度为 6.1~6.6mm。

（5）引脚排序：由顶视图可知，引脚按逆时针顺序排列。

2. DIP 封装尺寸设计参考

元器件数据手册中给出的 DIP 元器件外形图如图 3-18 所示。

图 3-18　DIP 元器件外形图

☺ 孔径尺寸：优先选用元器件数据手册中推荐的孔径尺寸。若没有推荐值，则按表 3-6 进行设计。此处为 0.9mm。

表 3-6　DIP 焊盘尺寸参数表

引 脚 类 型		孔　　　径
圆针圆孔	●	针脚直径+（0.2~0.3）mm
方针圆孔	■	对角线的长度+（0.2~0.3）mm
方针椭圆孔	▬	比矩形引脚单边大 0.3mm 以上，且保证引脚的 4 个角到孔壁距离不小于 0.1mm

☺ 焊盘尺寸：比孔径大 0.5mm 以上。如果间距较小，可以适当将焊盘设计成椭圆形的。此处为 1.4mm。

☺ 焊盘间距：引脚的中心间距为 2.54mm，上、下两排引脚的中心距离为 7.62mm。

☺ 丝印外框：取最大值，长度为 19.56mm，宽度为 6.6mm。

第 4 章 原理图符号与 PCB 封装建库审查案例

原理图与 PCB 封装库初建完成后，需要对其规范性、正确性等进行检查。如果 PCB 封装库有缺陷，会对后续的产品设计造成很大的影响。

4.1 原理图符号建库案例

表 4-1 所列为原理图建库时常见的问题。

表 4-1 原理图建库时常见的问题

序号	类别	问题内容	问题等级	举例
1	型号	选型错误	致命问题	要求新建的元器件型号为 TPS2060，却设计为 TPS2064。这两个元器件的第 3 脚和第 4 脚的定义是不一样的。 TPS2060 DGN PACKAGE (TOP VIEW) 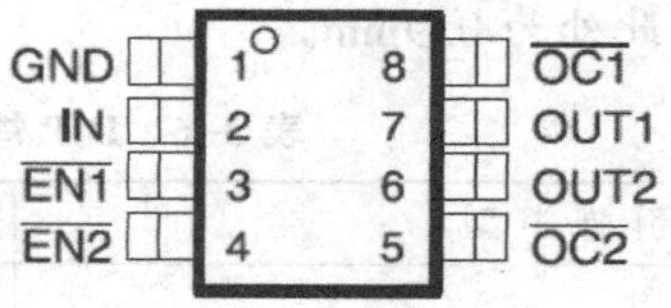 GND 1, IN 2, EN1 3, EN2 4 / OC1 8, OUT1 7, OUT2 6, OC2 5 TPS2064 DGN PACKAGE (TOP VIEW) 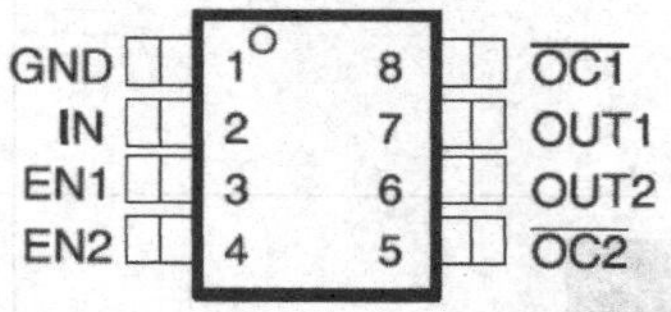 GND 1, IN 2, EN1 3, EN2 4 / OC1 8, OUT1 7, OUT2 6, OC2 5
2	引脚名	与资料图中不一致	致命问题	资料图中第 5 脚为 NC，在原理图符号中却绘制成了 IN。 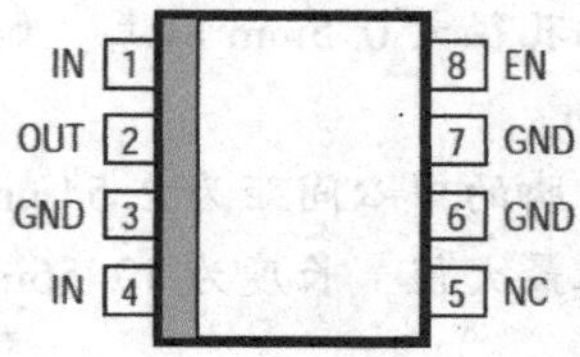 IN 1, OUT 2, GND 3, IN 4 / EN 8, GND 7, GND 6, NC 5

34

序号	类别	问题内容	问题等级	举　　例
2	引脚名	与资料图中不一致	致命问题	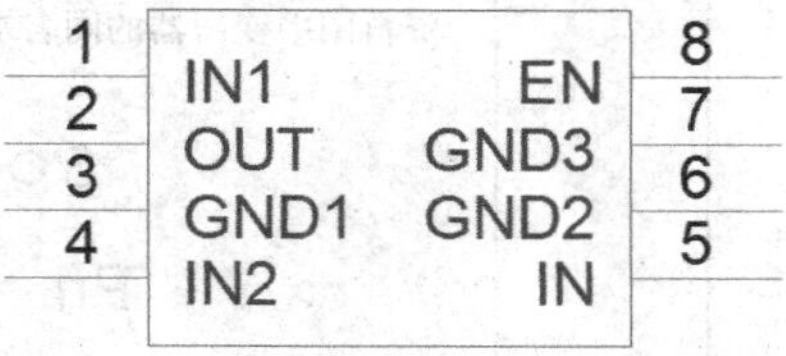
3	引脚号	与资料图中不一致	致命问题	资料图中第 1 脚为 G 极，第 2 脚为 S 极，第 3 脚为 D 极，而原理图符号库中第 2 脚为 G 极，第 1 脚为 S 极，第 3 脚为 D 极。 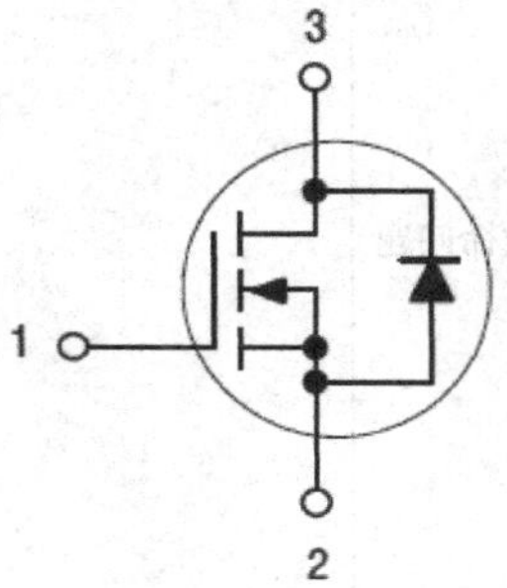 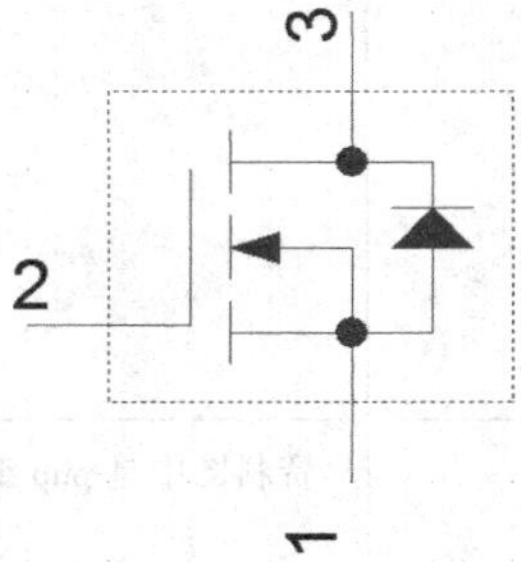
4	差分信号	顺序、间隔不一致	严重问题	大部分的差分信号引脚都是上负、下正，但第 14 脚和第 15 脚却是上正、下负，这容易导致设计原理图时连错信号线。 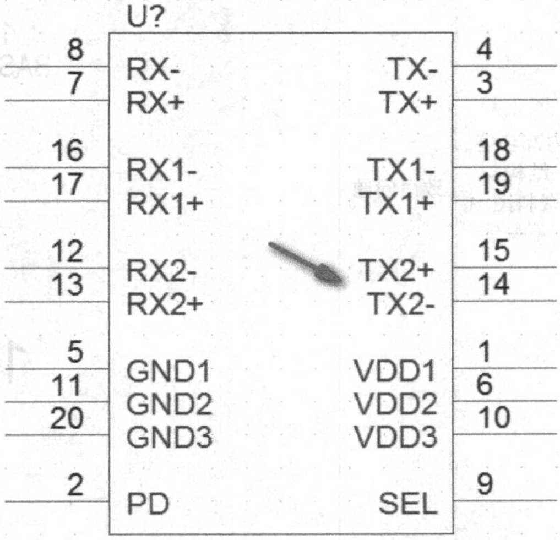

序号	类别	问题内容	问题等级	举例
5	变压器	同名端不正确	致命问题	资料图中变压器的同名端为2、3、7、8，但原理图符号库中却是1、3、7、8。 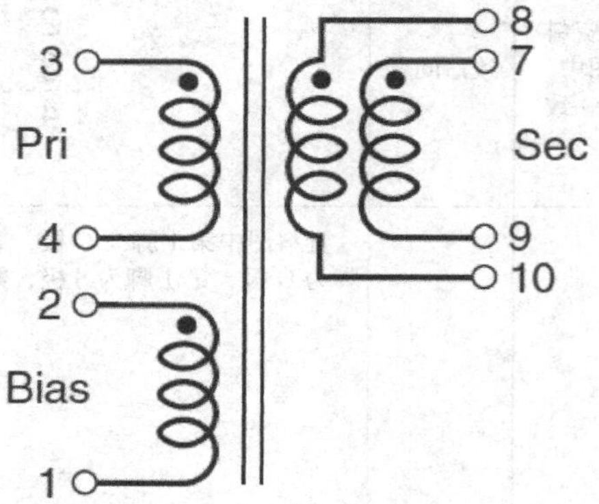 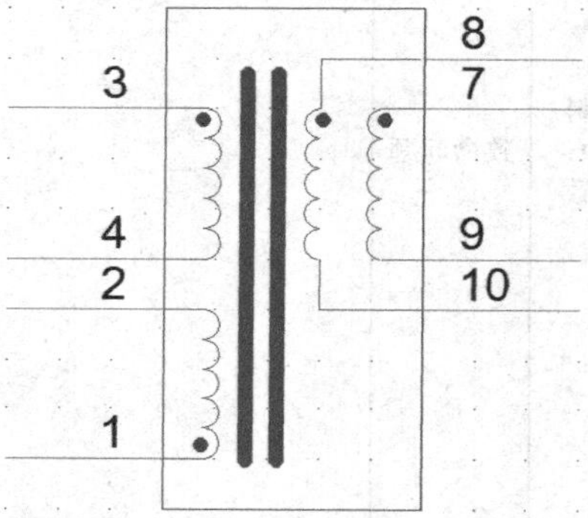
6	三极管	内部功能、结构与资料图中不一致	致命问题	资料图中是 pnp 型的，而原理图符号却绘制成 npn 型的。 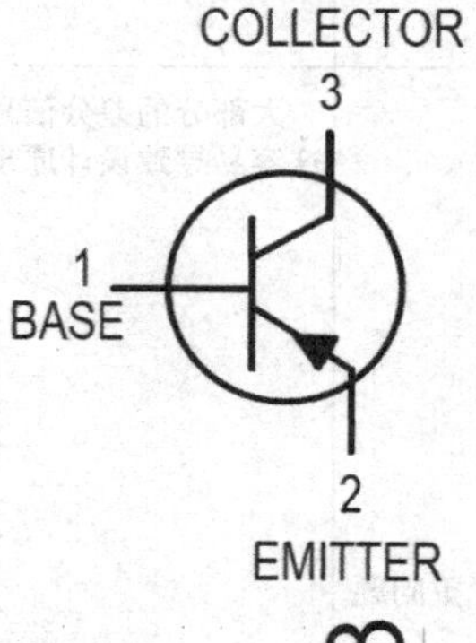 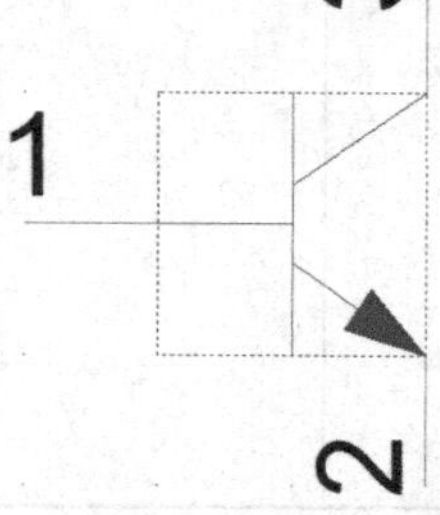

序号	类别	问题内容	问题等级	举 例
7	VALUE值	填写不正确	一般问题	通常，IC、连接器等的 VALUE 值应填写完整的型号，而电阻器、电容器、电感器等应填写相应的电阻值、电容值、电感值。 Orderable Device　　Status (1)　Package Type　Package Drawing TPS56121DQPR　　ACTIVE　　SON　　DQP TPS56121DQPT　　ACTIVE　　SON　　DQP
8	极性	元器件的极性与资料图中不一致	致命问题	规范要求原理图符号库、PCB 封装库、元器件资料图三者的极性应保持一致。 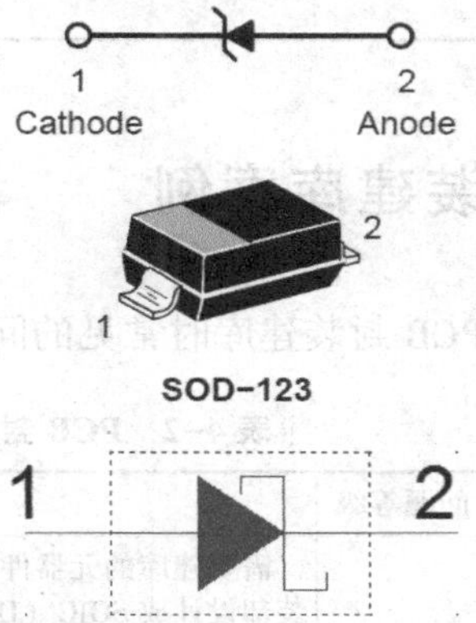 1　Cathode　　2　Anode SOD-123 1　2
9	引脚位置	引脚重叠	致命问题	设计的原理图符号库中将第 10 脚与第 11 脚重叠在一起了。 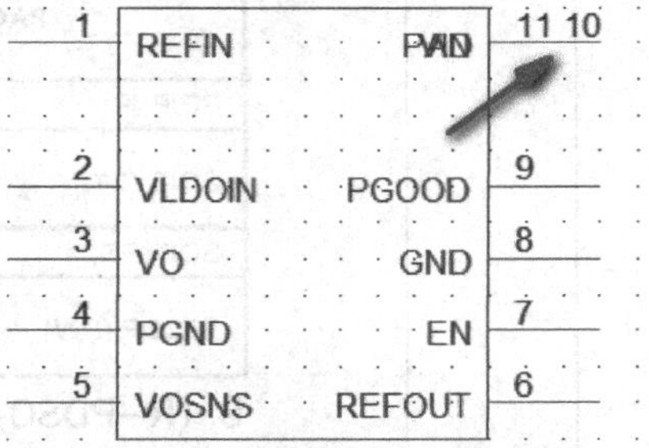 1　REFIN　　PVIN　11 10 2　VLDOIN　PGOOD　9 3　VO　　GND　8 4　PGND　　EN　7 5　VOSNS　REFOUT　6
10	引脚位置	同一接口的信号没有放在一起或顺序不统一	严重问题	DQ14、DQ15 未按顺序排列，容易因看错而导致连接错误。 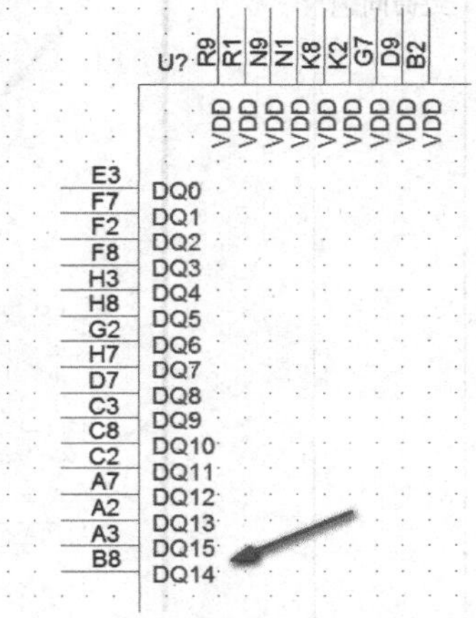 U?　R9 R1 N9 N1 K8 K2 G7 D9 B2 VDD VDD VDD VDD VDD VDD VDD VDD VDD E3 DQ0 F7 DQ1 F2 DQ2 F8 DQ3 H3 DQ4 H8 DQ5 G2 DQ6 H7 DQ7 D7 DQ8 C3 DQ9 C8 DQ10 C2 DQ11 A7 DQ12 A2 DQ13 A3 DQ15 B8 DQ14

序号	类别	问题内容	问题等级	举　例
11	字符	有非法字符	严重问题	原理图符号库中的"Ω"符号无法被软件识别，产生的网表无法导入 PCB 文件中。 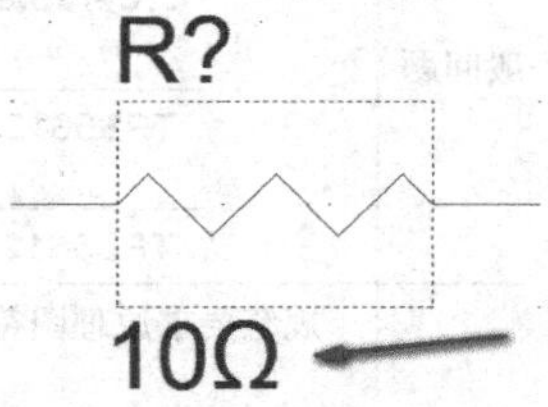 R? 10Ω ←

4.2　PCB 封装建库案例

表 4-2 所列为 PCB 封装建库时常见的问题。

表 4-2　PCB 封装建库时常见的问题

序号	类别	问题内容	问题等级	举　例
1	型号	型号错误	致命问题	需要建库的元器件型号为 LM358PW，其对应的封装是 TSSOP（PW），而 PCB 封装却设计成 SOIC（D）。说明：上图为资料图，下图为所创建封装图；以下类同。 <table><tr><td>PACKAGE†</td><td colspan="2">ORDERABLE PART NUMBER</td></tr><tr><td>PDIP (P)</td><td>Tube of 50</td><td>LM358P</td></tr><tr><td rowspan="2">SOIC (D)</td><td>Tube of 75</td><td>LM358D</td></tr><tr><td>Reel of 2500</td><td>LM358DR</td></tr><tr><td>SOP (PS)</td><td>Reel of 2000</td><td>LM358PSR</td></tr><tr><td rowspan="2">TSSOP (PW)</td><td>Tube of 150</td><td>LM358PW ←</td></tr><tr><td>Reel of 2000</td><td>LM358PWR</td></tr></table> D (R-PDSO-G8)　　　PLASTI 0.197 (5,00) / 0.189 (4,80) 8　　5 0.244 (6,20) / 0.228 (5,80) 0.157 (4,00) / 0.150 (3,80) Pin 1 Index Area 1　　4 0.050 (1,27) 0.020 (0,51) / 0.012 (0,31) ⊕ 0.010 (0,25) Ⓜ

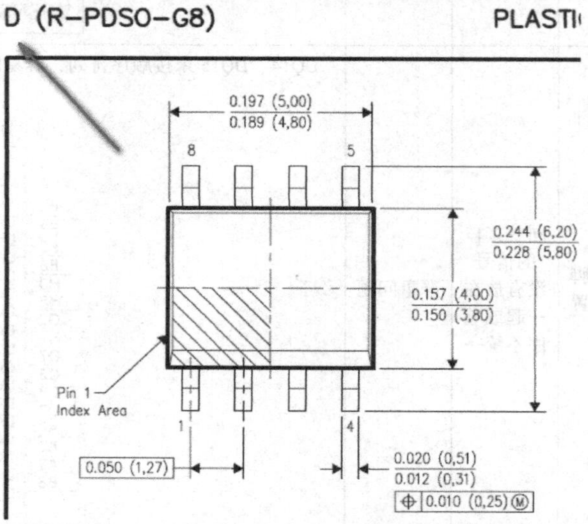

序号	类别	问题内容	问题等级	举 例
2	视图	未按照顶视图设计	致命问题	资料图为底视图，但设计 PCB 封装时未镜像。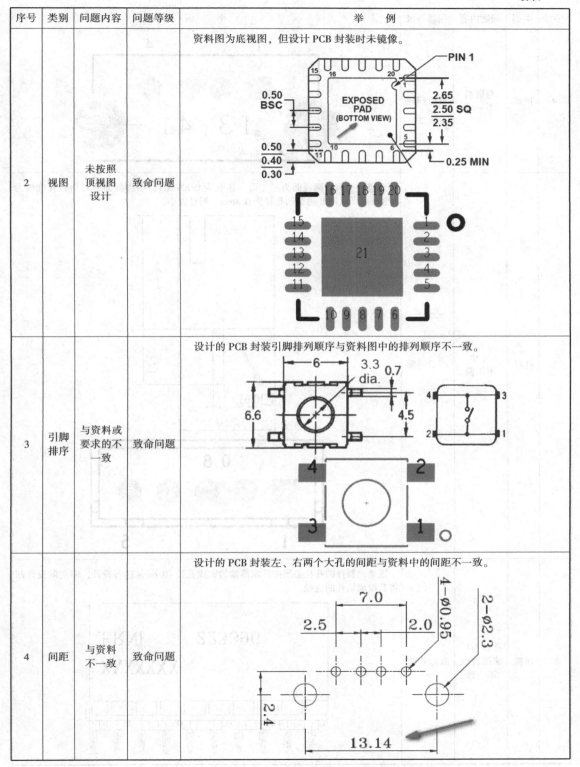
3	引脚排序	与资料或要求的不一致	致命问题	设计的 PCB 封装引脚排列顺序与资料图中的排列顺序不一致。
4	间距	与资料不一致	致命问题	设计的 PCB 封装左、右两个大孔的间距与资料中的间距不一致。

序号	类别	问题内容	问题等级	举　例
4	间距	与资料不一致	致命问题	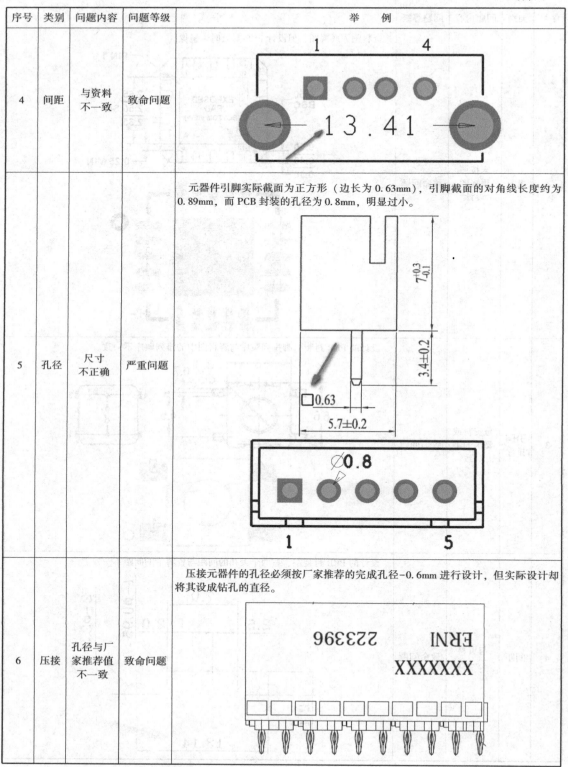
5	孔径	尺寸不正确	严重问题	元器件引脚实际截面为正方形（边长为 0.63mm），引脚截面的对角线长度约为 0.89mm，而 PCB 封装的孔径为 0.8mm，明显过小。
6	压接	孔径与厂家推荐值不一致	致命问题	压接元器件的孔径必须按厂家推荐的完成孔径-0.6mm 进行设计，但实际设计却将其设成钻孔的直径。

序号	类别	问题内容	问题等级	举 例
6	压接	孔径与厂家推荐值不一致	致命问题	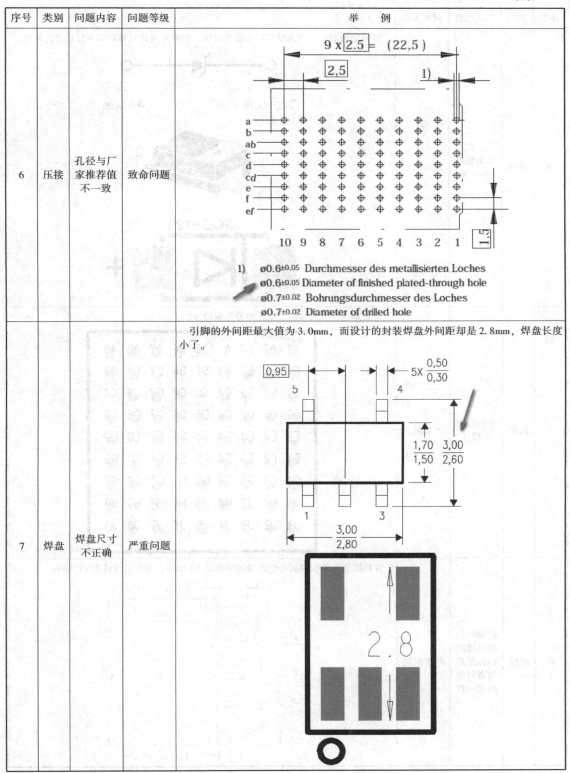
7	焊盘	焊盘尺寸不正确	严重问题	

引脚的外间距最大值为 3.0mm，而设计的封装焊盘外间距却是 2.8mm，焊盘长度小了。

序号	类别	问题内容	问题等级	举 例
8	极性	正负极性不正确	致命问题	资料图和原理图中均指明第2脚为正极，但封装设计时却将第1脚设计为正极。 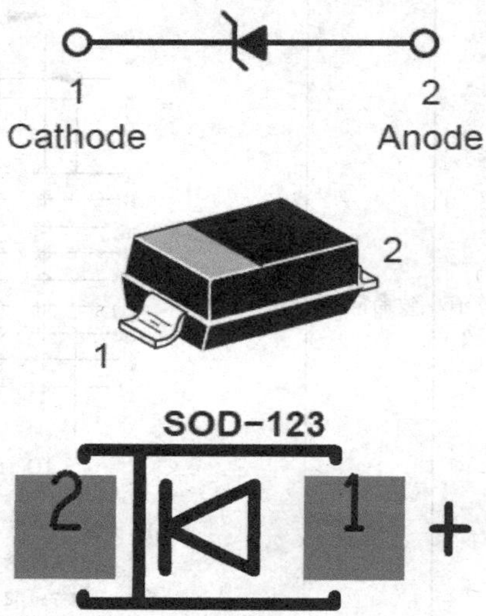
9	标识	方向标识未标注	严重问题	封装未设计方向标识，贴片时容易搞错方向。 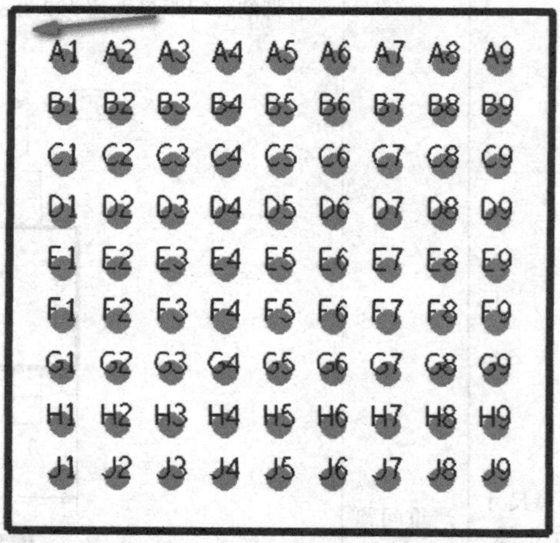
10	丝印	丝印外框到引脚的标称距离与资料中的不一致	严重问题	资料图给出的引脚到外框边缘的距离是10.9mm，而封装设计为11.6mm。 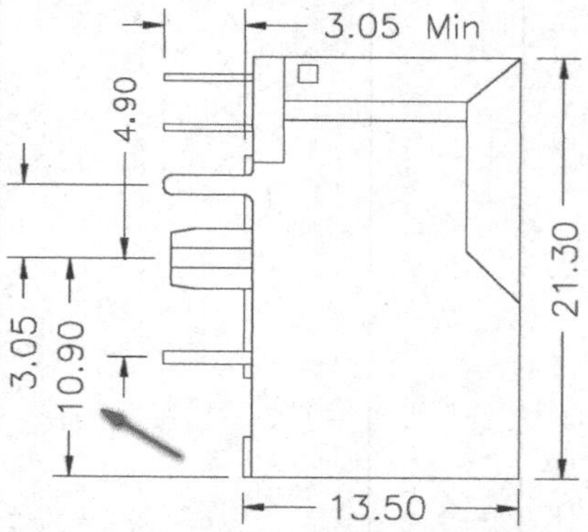

序号	类别	问题内容	问题等级	举 例
10	丝印	丝印外框到引脚的标称距离与资料中的不一致	严重问题	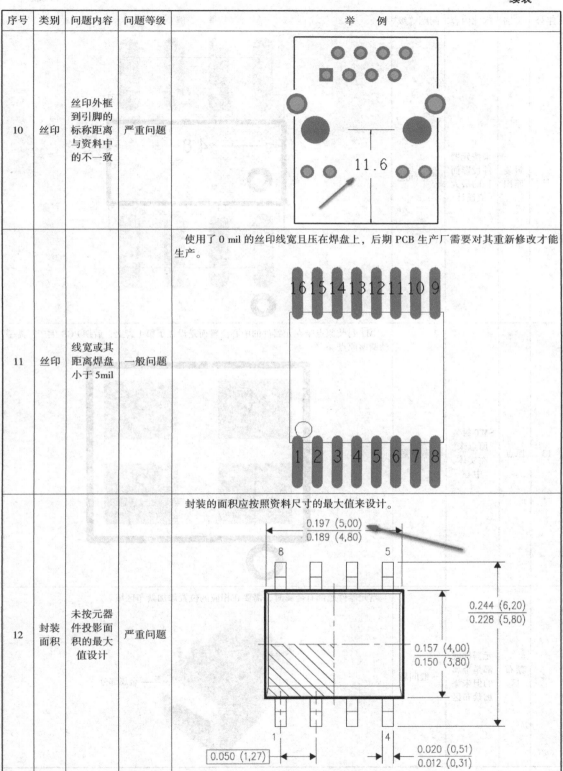
11	丝印	线宽或其距离焊盘小于5mil	一般问题	使用了 0 mil 的丝印线宽且压在焊盘上，后期 PCB 生产厂需要对其重新修改才能生产。
12	封装面积	未按元器件投影面积的最大值设计	严重问题	封装的面积应按照资料尺寸的最大值来设计。

序号	类别	问题内容	问题等级	举例
12	封装面积	未按元器件投影面积的最大值设计	严重问题	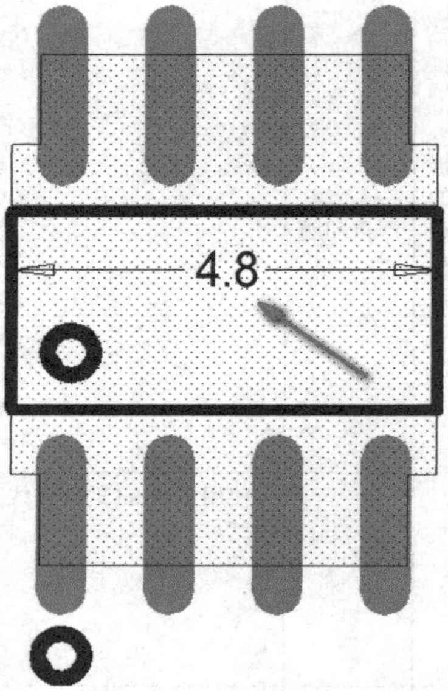
13	原点	SMT封装原点未在实体中心	一般问题	SMT封装原点未在元器件的中心位置而是设在了第1脚上，后期PCB生产厂需手动调整原点。 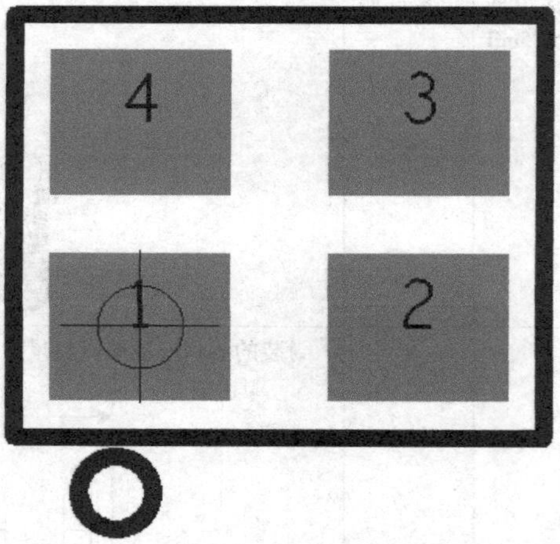
14	禁布区	元器件底部是金属的但未添加禁布区	一般问题	当元器件底部有金属时，需要在相应的位置添加禁布区域。  金属部分

序号	类别	问题内容	问题等级	举　例
15	板边线	与厂家推荐值不一致	一般问题	资料图中推荐的孔到板边线的距离是 1.45mm，而进行 PCB 封装设计时该值是 1.55mm。 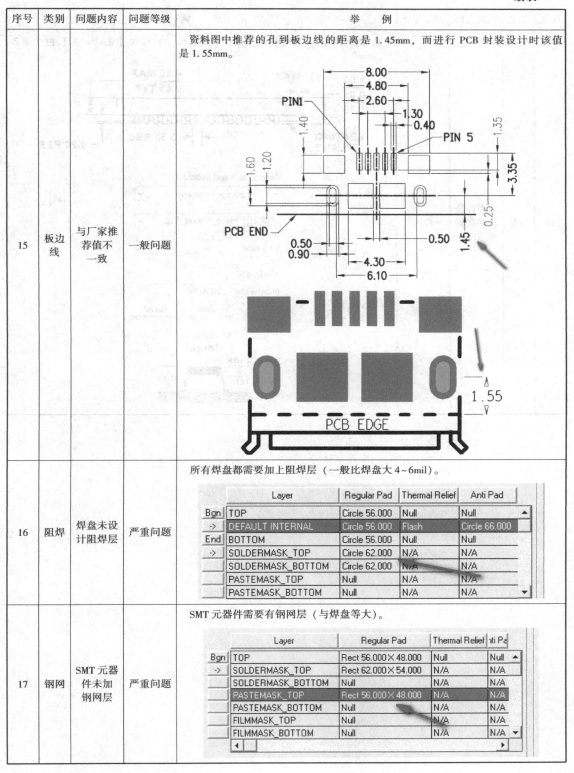
16	阻焊	焊盘未设计阻焊层	严重问题	所有焊盘都需要加上阻焊层（一般比焊盘大 4~6mil）。
17	钢网	SMT 元器件未加钢网层	严重问题	SMT 元器件需要有钢网层（与焊盘等大）。

序号	类别	问题内容	问题等级	举　　例
18	高度	元器件最大高度值填写错误	一般问题	此元器件的最大高度值为 1mm，而封装设计时却在【Max height】栏中输入"0.8mm"。 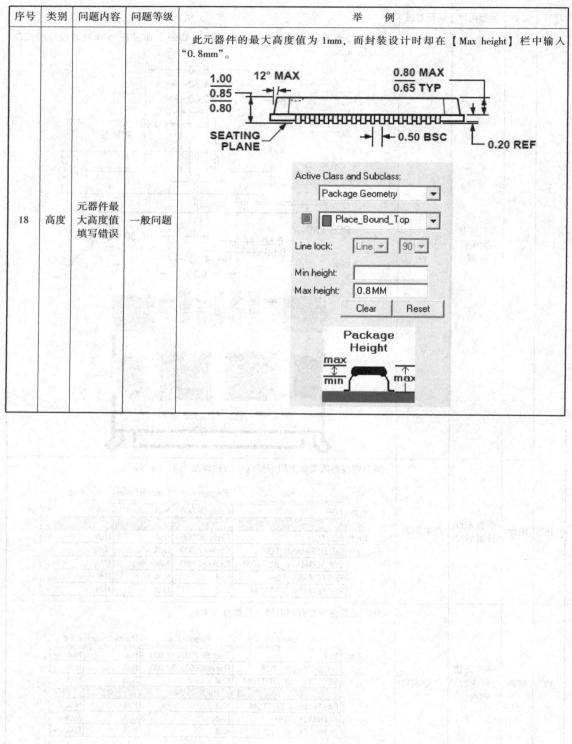

第 5 章　多平台原理图符号库与 PCB 封装库设计

本章介绍 Mentor、Altium Designer、PADS、Allegro 等原理图与 PCB 设计平台的原理图符号库及 PCB 封装库的创建过程，以及不同种类封装的创建方法。

5.1　Mentor 原理图符号库与 PCB 封装库设计

5.1.1　中心库管理

1. 中心库的架构

Mentor 中心库（Central Library）将整个库按 Part、Cell、Symbol、Padstack、IBIS 模型等对象进行分区管理，如图 5-1 所示。

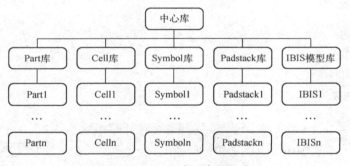

图 5-1　Mentor 中心库的组成

2. Part、Cell、Symbol 与 Padstack 之间的关系

☺ Cell：元器件外形图，即 PCB 封装。

☺ Symbol：元器件电气功能图，即原理图符号。

☺ Part：关联 Cell 与 Symbol 之间的逻辑对应关系。

☺ Padstack：元器件引脚，即焊盘。

Part、Cell、Symbol 与 Padstack 之间的关系如图 5-2 所示。

3. 创建中心库

（1）执行菜单命令【开始】→【程序】→【Mentor Graphics SDD】→【Data and Library Management】→【Library Manager】，打开 Mentor 库管理器界面，如图 5-3 所示。

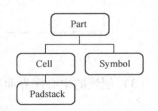

图 5-2　Part、Cell、Symbol 与
Padstack 之间的关系

图 5-3　Mentor 库管理器界面

（2）执行菜单命令【File】→【New】，或者单击工具栏中的【New】图标 □，在弹出的对话框中选择要建立中心库的路径，在【Flow type】区域选择【DxDesigner/Expedition】选项，单击【OK】按钮，即可在指定的路径下新建一个中心库，如图 5-4 所示。

图 5-4　中心库路径选择

（3）创建的中心库界面如图 5-5 所示。

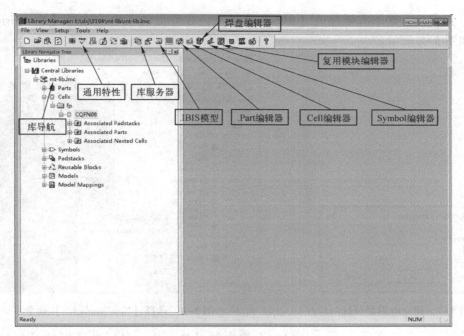

图 5-5　创建的中心库界面

5.1.2　原理图符号库设计

1. 手工创建原理图符号

下面以一个电阻器符号为例，介绍手动创建原理图符号的过程。

（1）建立原理图符号分区，以便后期管理与查找。用鼠标右键单击【Symbols】，在弹出的菜单中选择【New Partition...】命令，如图 5-6 所示。

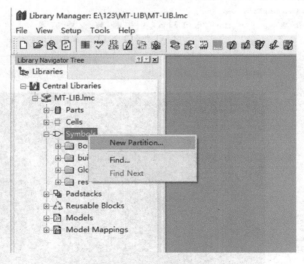

图 5-6　创建原理图符号分区

（2）在弹出的【New Symbol Partition】对话框的【Partition name】栏中输入"RES"，单击【OK】按钮创建一个名为【RES】的文件，用于存放电阻器类的原理图符号，如图 5-7 所示。

（3）用鼠标右键单击创建的【RES】文件夹，在弹出的菜单中选择【New Symbol...】命令，如图5-8所示。

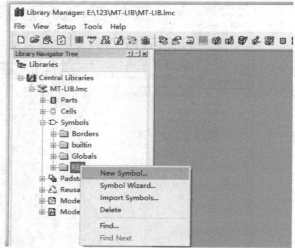

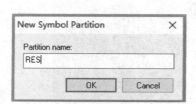

图5-7 建立电阻器分区

图5-8 选择【New Symbol...】命令

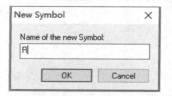

图5-9 【New Symbol】对话框

（4）在弹出的【New Symbol】对话框的【Name of the new Symbol】栏中输入"R"，如图5-9所示。

（5）单击【OK】按钮，打开原理图符号编辑界面，如图5-10所示。

（6）放置引脚：执行菜单命令【Symbol】→【Add Pin】，或者单击工具栏中的【Add Pin】图标 ，在左、右各放置

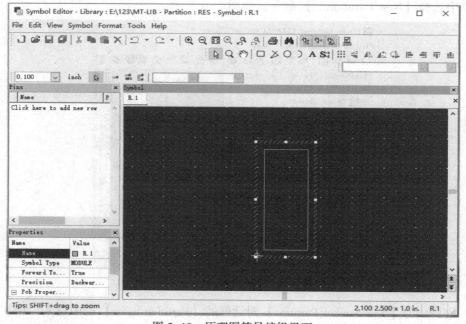

图5-10 原理图符号编辑界面

50

一个引脚，如图 5-11 所示。

图 5-11　放置引脚

（7）绘制外形：执行菜单命令【Symbol】→【Line】，或者单击工具栏中的【Line】图标 ，将电阻器的图形符号绘制出来，如图 5-12 所示。

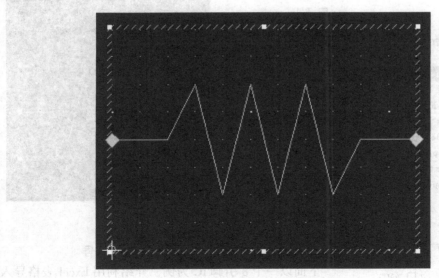

图 5-12　绘制电阻器图形符号

（8）设置引脚属性修改：如图 5-13 所示，在【Pins】属性框中，分别对【Name】、【Pin Number】属性进行修改。

（9）添加属性：如图 5-14 所示，在【Properties】属性框中添加属性，其中【Level】值为 "STD"，【Part Number】值可以不填写，【Parts】值为 1，【Ref Designator】值为 "R?"。

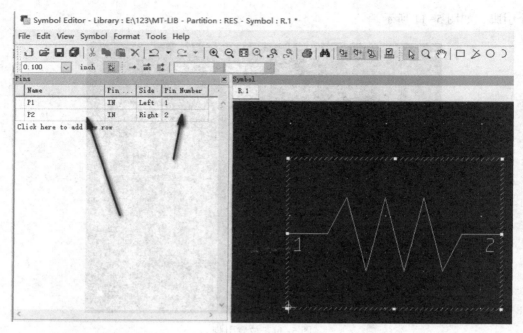

图 5-13　设置引脚属性

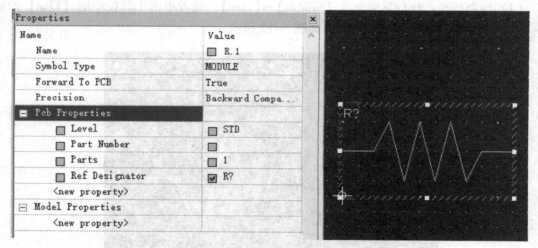

图 5-14　添加属性

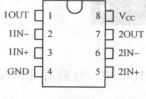

图 5-15　8 引脚 IC 引脚图

2. 利用 Excel 表格导入创建原理图符号

下面以一个 8 引脚 IC 为例，介绍利用 Excel 表格导入创建原理图符号的过程，如图 5-15 所示。

（1）将每个引脚按表 5-1 所列的格式填写到 Excel 表格中（注意，【Pin Name】值与【Pin Number】值不能相同）。

（2）用鼠标右键单击【IC】文件夹分区，在弹出的菜单中选择【Symbol Wizard...】命令，如图 5-16 所示。

表 5-1 原理图符号引脚列表

Pin Name	Pin Number	Type	Symbol Side
1OUT	1	BI	LEFT
1IN-	2	BI	LEFT
1IN+	3	BI	LEFT
GND	4	BI	LEFT
2IN+	5	BI	RIGHT
2IN-	6	BI	RIGHT
2OUT	7	BI	RIGHT
VCC	8	BI	RIGHT

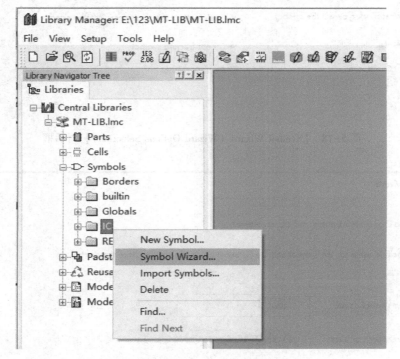

图 5-16 选择【Symbol Wizard...】命令

（3）弹出【New symbol name】对话框，在【Symbol name】栏中输入元器件的名称，如图 5-17 所示。

（4）单击【OK】按钮，弹出如图 5-18 所示的【Symbol Wizard（Wizard Options Selection）】对话框，选中【Module】选项和【Do not fracture symbol】选项。如果原理图符号中的引脚数很多，可以选中【Fracture symbol】选项，将原理图符号分成多个模块。

图 5-17 【New symbol name】对话框

（5）单击【Next>>】按钮（说明：由于弹出的对话框太大，而【Next>>】在对话框的最下面，为了突显要处理的选项内容，所以未显示整个对话框，下述步骤的同类确认操作等

53

也采用类似的处理方式），弹出【Symbol Wizard（New Symbol and Library Name）】对话框，如图 5-19 所示。元器件的名称已经填过了，如果有错，可以在此重新填写。

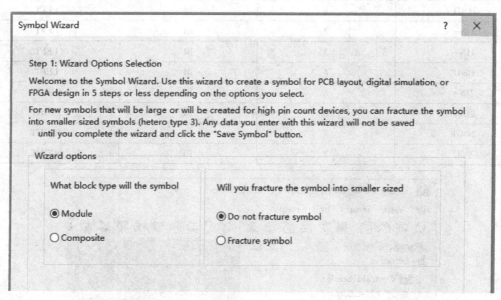

图 5-18　【Symbol Wizard（Wizard Options Selection）】对话框

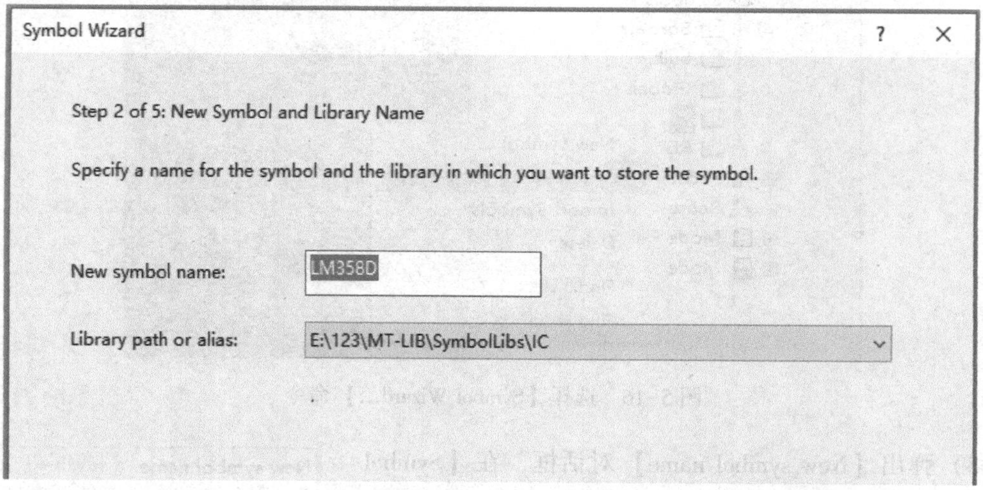

图 5-19　【Symbol Wizard（New Symbol and Library Name）】对话框

（6）单击【Next＞＞】按钮，弹出【Symbol Wizard（Symbol Parameters）】对话框，如图 5-20 所示。在此可以设置引脚间距、引脚长度、引脚号是否可见、引脚号的位置、格点间距、字号。

（7）单击【Next＞＞】按钮，弹出如图 5-21 所示的【Symbol Wizard（Symbol Properties）】对话框。在此可以修改【Part Number】、【Ref Designator】、【PARTS】等属性值。

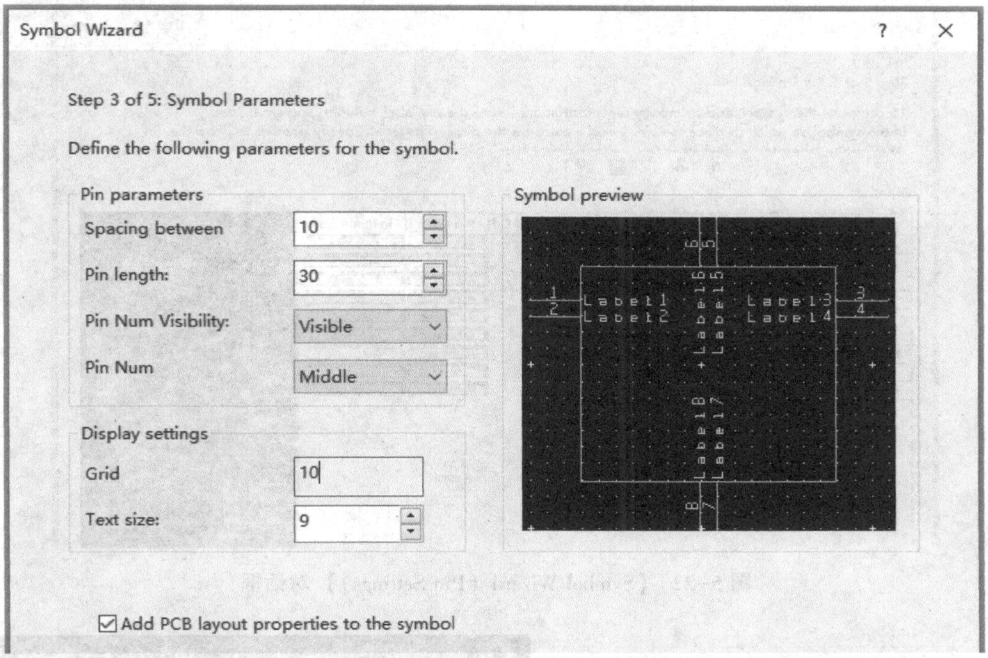

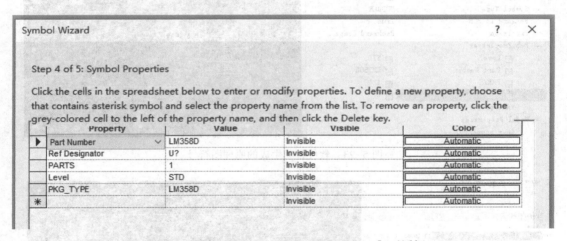

图 5-20 【Symbol Wizard（Symbol Parameters）】对话框

图 5-21 【Symbol Wizard（Symbol Properties）】对话框

（8）单击【Next>>】按钮，弹出如图 5-22 所示的【Symbol Wizard（Pin Settings）】对话框，导入前面准备好的 Excel 处理好的表格。在此可以修改引脚属性和引脚位置。设置完后，单击【OK】按钮。

（9）软件自动生成的原理图符号如图 5-23 所示。在此需要手动将原理图符号的一些属性值显示出来，如将左侧属性框中的【Part Number】、【Ref Designator】的属性值选中。

（10）调整外框、字体等，得到最终的原理图符号，如图 5-24 所示。

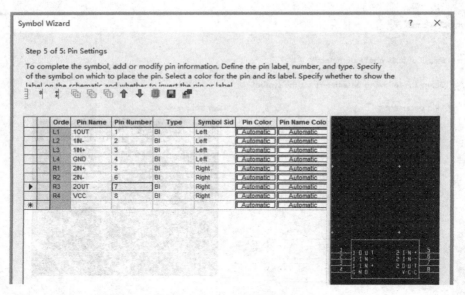

图 5-22 【Symbol Wizard（Pin Settings）】对话框

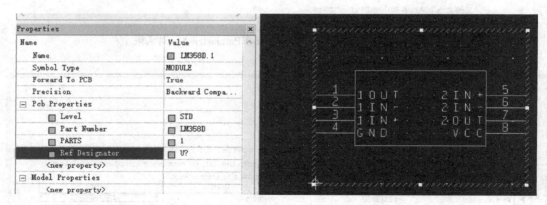

图 5-23 软件自动生成的原理图符号

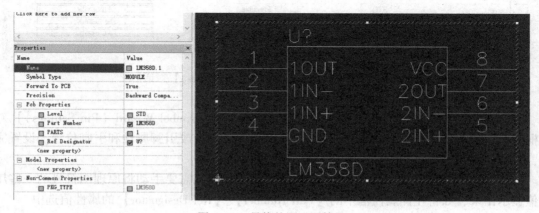

图 5-24 最终的原理图符号

5.1.3　PCB 封装库设计

1. 焊盘设计

下面以创建一个孔径为 40mil、直径为 60mil 的焊盘为例，讲解其创建过程。

（1）在 Mentor 库管理器界面，执行菜单命令【Tools】→【Padstack Editor...】，或者单击工具栏中的图标😎，弹出如图 5-25 所示的焊盘编辑对话框。焊盘的新建、修改均可在这里进行。

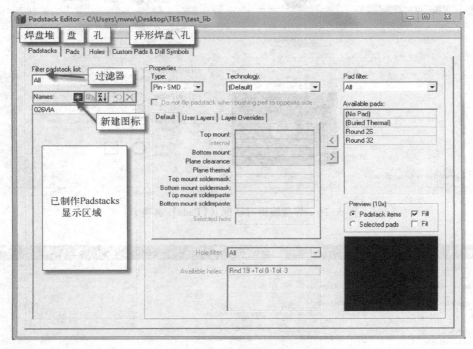

图 5-25　焊盘编辑对话框

（2）在焊盘编辑对话框中选择【Pads】选项卡，如图 5-26 所示。单击新建按钮，在【Units】栏中选择【th】（表示以 mil 为单位），选择圆形形状，在直径栏中输入 60，即可新建一个直径为 60mil 的圆形盘。采用类似方法，新建一个直径为 66mil 的圆形盘（用于阻焊）。

（3）在焊盘编辑对话框中选择【Holes】选项卡，如图 5-27 所示。单击新建按钮，在【Units】栏中选择【th】，在【Type】栏中选择【Drilled】，选中【Round】选项，在【Diameter】栏中输入 40，选中【Plated】选项（表示金属化孔），即可完成一个直径为 40mil 的圆形孔的创建。

（4）在焊盘编辑对话框中选择【Padstacks】选项卡，如图 5-28 所示。单击新建按钮，将焊盘命名为"PAD60CIR40D"，在【Type】栏中选择【Pin-Through】；选择【Default】标签页，在【Mount side】栏、【Internal】栏和【Opposite side】栏中均选择 60mil 的圆形，反盘栏中、花盘栏中可以不填写，在【Mount side soldermask】栏和【Opposite side soldermask】栏中选择 66mil 的圆形，孔径选择 40mil 的孔。

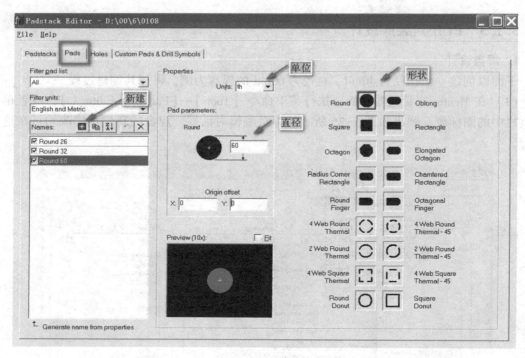

图 5-26　焊盘编辑对话框（【Pads】选项卡）

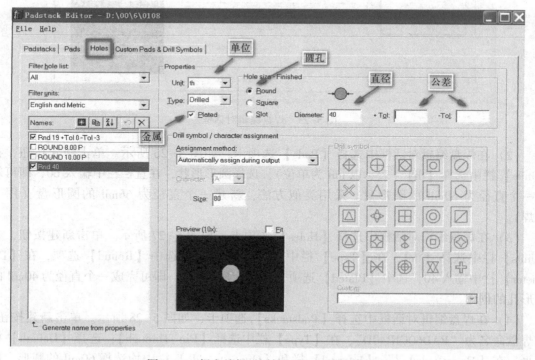

图 5-27　焊盘编辑对话框（【Holes】选项卡）

58

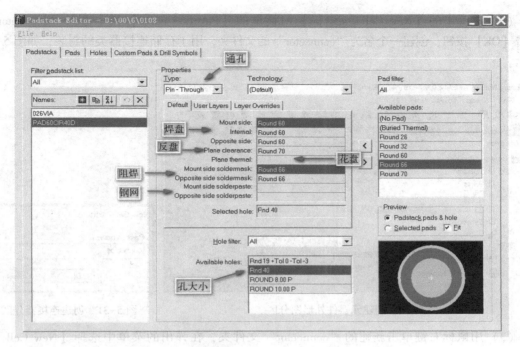

图 5-28　焊盘编辑对话框（【Padstacks】选项卡）

2. 创建元器件外形图

下面根据图 5-29 所示的双排插针连接器外形信息，创建 2×5 双排插针的外形图（Cell）。

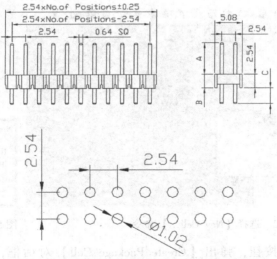

Recommended P.C.Board Hole Layout

图 5-29　双排插针连接器的外形信息

（1）建立元器件外形图分区，以便后期管理与查找。用鼠标右键单击【Cells】，在弹出的菜单中选择【New Partition...】命令，如图 5-30 所示。

（2）在弹出的【New Cell Partition】对话框的【Partition name】栏中输入"connector"，单击【OK】按钮，创建一个名为"connector"的文件夹，用于存储连接器类的封装，如图 5-31 所示。

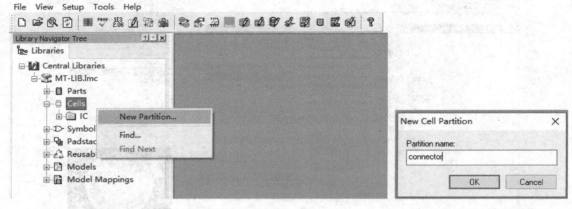

图 5-30 创建元器件外形图分区　　　　　　　　　　　图 5-31 创建连接器分区

（3）用鼠标右键单击新建的"connector"文件夹，在弹出的菜单中选择【New Cell...】命令，如图 5-32 所示。

（4）在弹出的【New Cell】对话框的【Name of the new Cell】栏中输入"HDR2X5-100"，如图 5-33 所示。

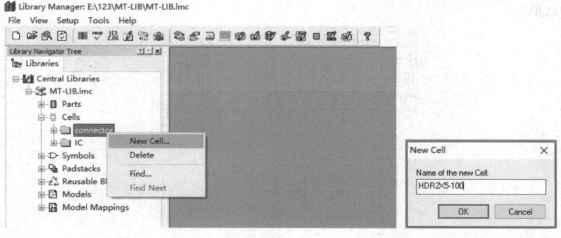

图 5-32 选择【New Cell...】命令　　　　　　　　　　图 5-33 【New Cell】对话框

（5）单击【OK】按钮，弹出【Create Package Cell】对话框，如图 5-34 所示。在【Cell name】栏中输入封装名"HDR2X5-100"，在【Total number of pins】栏中输入 10（表示引脚数为 10），在【Layers while editing cell】栏中输入 2（表示两层），在【Package group】栏中选择【Connector】，在【Mount type】栏中选择【Through】（表示通孔）。

（6）单击【Cell Properties...】按钮，弹出【Package Cell Properties】对话框，如图 5-35 所示。在【Units】栏中选择【mm】。

60

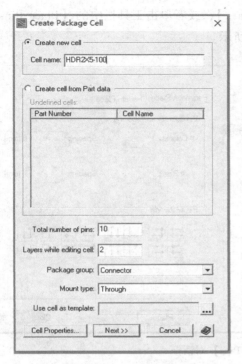 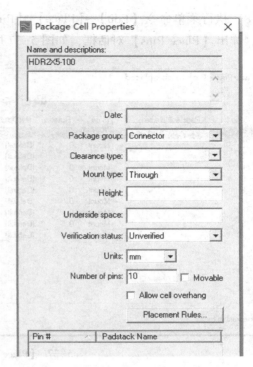

图 5-34 【Create Package Cell】对话框　　　图 5-35 【Package Cell Properties】对话框

（7）返回【Create Package Cell】对话框，单击【Next>>】按钮，弹出元器件外形图编辑窗口，如图 5-36 所示。

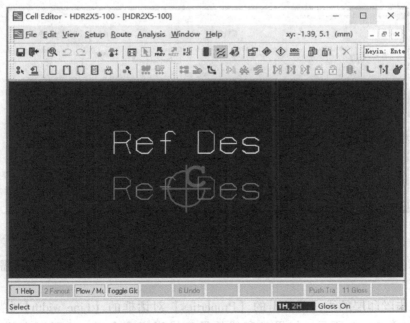

图 5-36　元器件外形图编辑窗口

（8）执行菜单命令【Edit】→【Place】→【Pin…】，或者单击工具栏中的【Place Pins】图标 ，弹出【Place Pins】对话框，如图 5-37 所示。

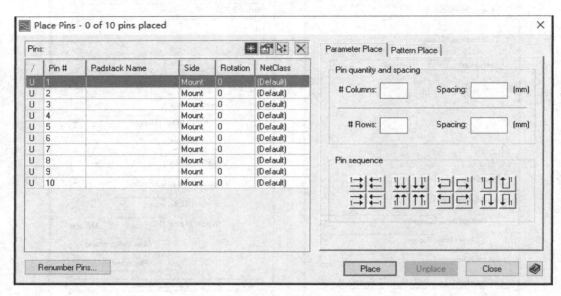

图 5-37 【Place Pins】对话框

（9）按住【Shift】键，选中所有引脚，在【Padstack Name】栏中选择【PAD40CIR40D】，如图 5-38 所示。选择【Pattern Place】选项卡，在【Pattern type】栏中选择【Berg Connector】，在丝印外形的长度栏和宽度栏分别输入 12.7、5.08，在引脚横、竖间距栏中均输入 2.54。

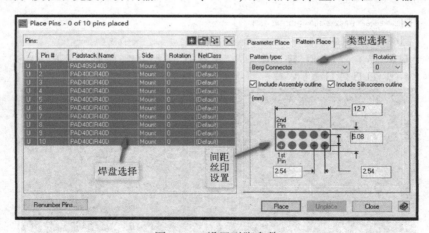

图 5-38 设置引脚参数

（10）单击【Place】按钮，生成如图 5-39 所示的初始 PCB 封装。这里还需手工对该封装进行优化。

（11）双击丝印层的线，在弹出的【Properties】对话框的【Line width】栏中将线宽修改为 0.15，如图 5-40 所示。如果丝印线的长度或宽度不合适，也可以在这个对话框中修改。

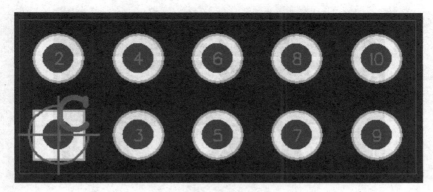

图 5-39 软件生成的初始 PCB 封装

（12）单击工具栏中的添加文字的图标 **A**，弹出【Properties】对话框，如图 5-41 所示。在【Layer】栏中选择【Silkscreen Mount】（丝印 TOP 层），在【String】栏中输入文字。

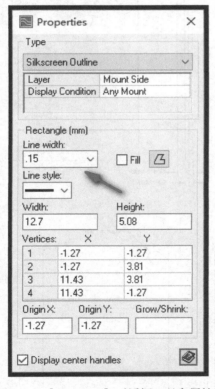

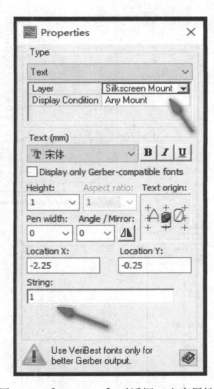

图 5-40 【Properties】对话框（丝印属性）　　图 5-41 【Properties】对话框（文字属性）

（13）执行菜单命令【View】→【Display Control...】，在弹出的颜色管理器中修改 PCB 封装颜色，设计完成的 PCB 封装如图 5-42 所示。

图 5-42　设计完成的 PCB 封装

5.1.4　BGA 封装创建范例

BGA 封装数据信息如图 5-43 所示。

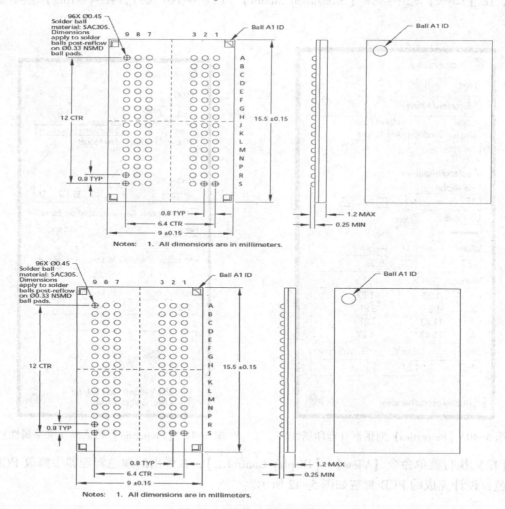

图 5-43　BGA 封装数据信息

64

（1）用鼠标右键单击【IC】文件夹，在弹出的菜单中选择【New Cell...】命令，如图 5-44 所示。

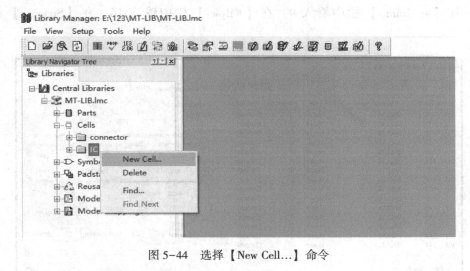

图 5-44　选择【New Cell...】命令

（2）在弹出的【New Cell】对话框的【Name of the new Cell】栏中输入"BGA96-0R80"，如图 5-45 所示。

（3）单击【OK】按钮，弹出【Create Package Cell】对话框，如图 5-46 所示。在【Cell name】栏中输入封装名"BGA96-0R80"，在【Total number of pins】栏中输入 144（说明：实际引脚数为 96，此处增加了中间缺少的 3 列共 48 个引脚，这是为了后续方便引脚的排序），在【Layers while editing cell】栏中输入 2（表示两层），在【Package group】栏中选择【IC-BGA】，在【Mount type】栏中选择【Surface】，如图 5-46 所示。

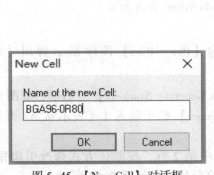

图 5-45　【New Cell】对话框

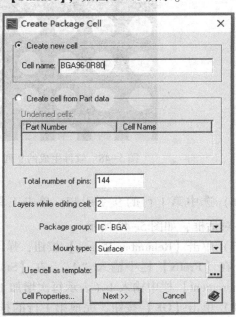

图 5-46　【Create Package Cell】对话框

（4）单击【Next>>】按钮，弹出【Place Pins】对话框，如图5-47所示。在【Padstack Name】栏中选择【BALL16】；选择【Pattern Place】选项卡，在【Pattern type】栏中选择【BGA】，在【#Columns】栏中输入9，在【#Rows】栏中输入16，在【Spacing】栏中输入0.8。

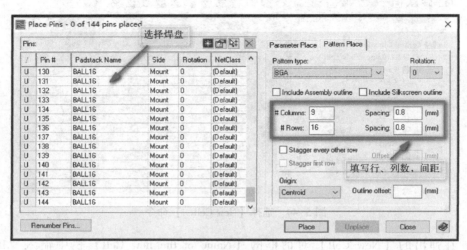

图5-47 【Place Pins】对话框（一）

（5）单击【Place】按钮，生成如图5-48所示的9列16行共144引脚的BGA封装。根据图5-43给出的信息调整引脚的排序。

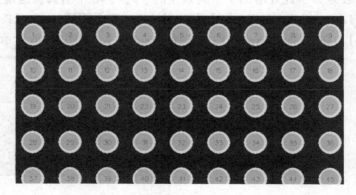

图5-48 软件生成的9列16行共144引脚的BGA封装

（6）选中第1行的9个引脚，单击工具栏中的【Place Pins】图标，弹出【Place Pins】对话框，如图5-49所示。

（7）单击【Renumber Pins...】按钮，弹出【Auto Generate Numbers】对话框，如图5-50所示。在【Prefix】栏中输入"A"，在【Starting number】栏中输入1（表示从A1开始）；在【Increment】栏中输入1（表示每次增加1）。

（8）单击【OK】按钮，完成第1行的排序。选中第2行，按前述方式修改引脚排序。以此类推，完成其他14行的引脚排序。修改引脚排序后的结果如图5-51所示。

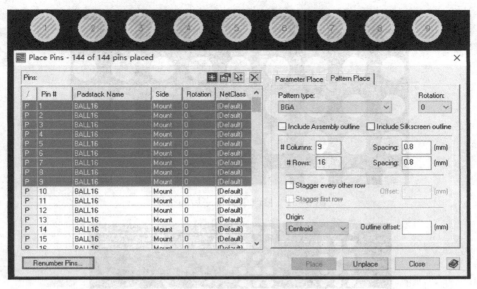

图 5-49 【Place Pins】对话框（二）

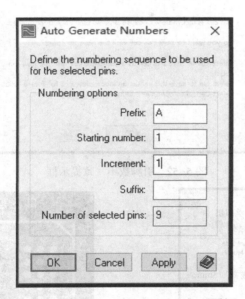

图 5-50 【Auto Generate Numbers】对话框

（9）删除中间 3 列引脚，单击保存按钮，弹出引脚数不一致提示框，如图 5-52 所示。单击【是】按钮，完成保存。

（10）在元器件外形图编辑窗口单击按钮□，绘制一个矩形丝印外框，双击该矩形框，弹出如图 5-53 所示的【Properties】对话框。在【Type】栏中选择丝印层，在【Line width】栏中输入 0.15，在【Width】栏和【Height】栏中分别输入 9 和 15.5，在【Origin X】栏和【Origin Y】栏中分别输入-4.5 和-7.75（表示外框左右对称）。

（11）添加文字、标志等。设计完成的 BGA 封装如图 5-54 所示。

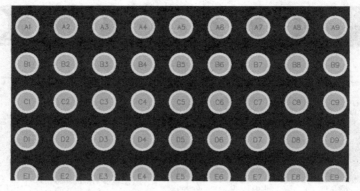

图 5-51 修改引脚排序后的结果

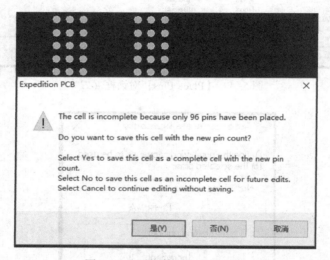

图 5-52 引脚数不一致提示框

图 5-53 【Properties】对话框

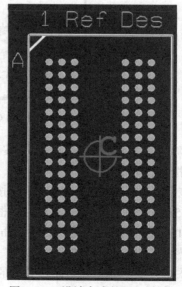

图 5-54 设计完成的 BGA 封装

5.1.5　Part 设计

1. 创建 Part

设计完成原理图符号和 PCB 封装后，需要新建 Part 将它们关联起来。

（1）创建 Part 分区：用鼠标右键单击【Parts】，在弹出的菜单中选择【New Partition...】命令，如图 5-55 所示。

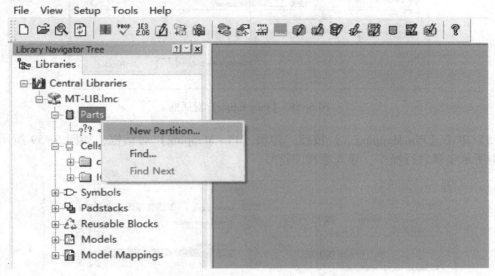

图 5-55　选择【New Partition...】命令

（2）在弹出的【New Part Partition】对话框的【Partition name】栏中输入"RES"，单击【OK】按钮，创建一个名为"RES"的文件夹，用于存储电阻器类的 Part，如图 5-56 所示。

（3）用鼠标右键单击创建的【RES】文件夹，在弹出的菜单中选择【New Part...】命令，弹出【New Part】对话框，如图 5-57 所示。在【Part number of the new Part】栏中输入"R0603"。

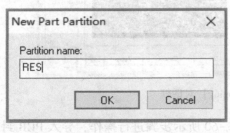

图 5-56　【New Part Partition】对话框

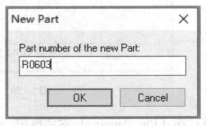

图 5-57　【New Part】对话框

（4）单击【OK】按钮，弹出【Part Editor】对话框，如图 5-58 所示。在【Reference des prefix】栏中输入"R"。

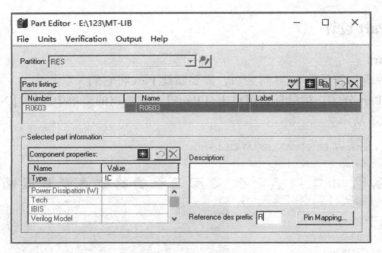

图 5-58 【Part Editor】对话框

（5）单击【Pin Mapping...】按钮，弹出【Pin Mapping】对话框，如图 5-59 所示。按照图中所示步骤进行操作，导入原理图符号。

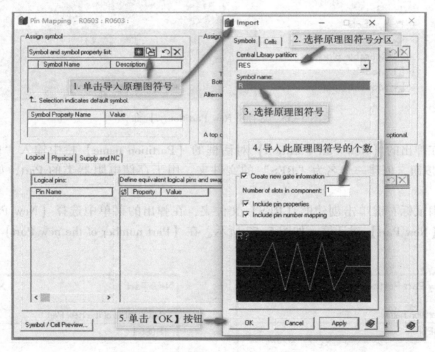

图 5-59 【Pin Mapping】对话框

（6）在【Pin Mapping】对话框中，根据图 5-60 所示步骤进行操作，导入 PCB 封装。

（7）原理图符号和 PCB 封装导入成功后，可以单击【Symbol / Cell Preview...】按钮查看其对应关系，如图 5-61 所示。

（8）单击【OK】按钮，退出并保存库文件，完成 Part 的创建。

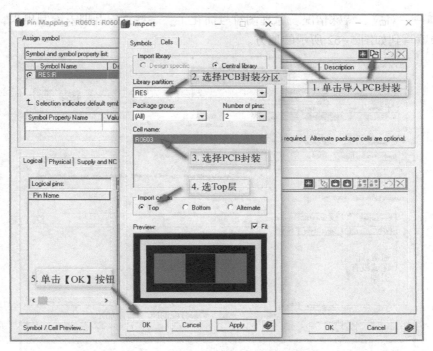

图 5-60　导入 PCB 封装的操作步骤

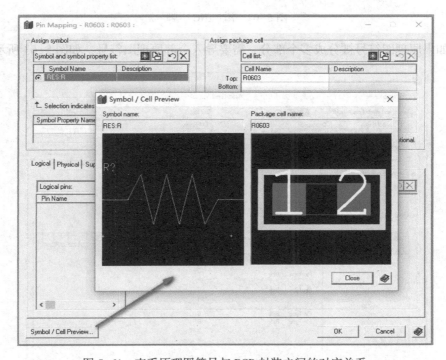

图 5-61　查看原理图符号与 PCB 封装之间的对应关系

2. 创建 Part 时的注意事项

（1）上述步骤完成后，需要确认映射关系，保证没有多余的引脚，原理图符号和 PCB

封装的引脚——对应。特殊情况：原理图符号简化了，一些 NC 引脚未绘制出来，此时可以将 NC 引脚填写到如图 5-62 所示的地方。

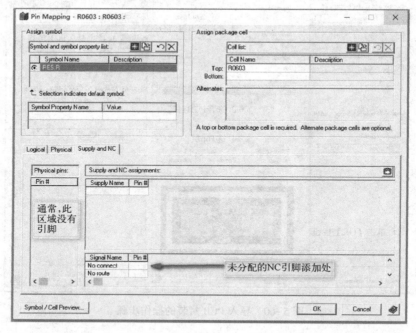

图 5-62　添加 NC 引脚

（2）如果原理图符号被分成多个部分，需要导入全部原理图符号，如图 5-63 所示。

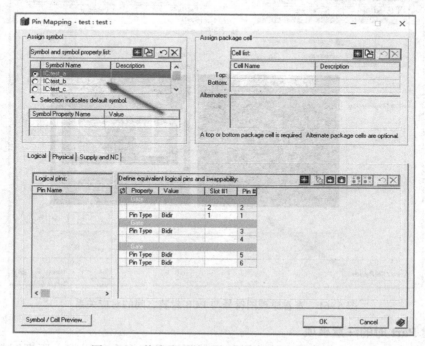

图 5-63　将多个子符号合并成一个原理图符号

5.2 Altium Designer 原理图符号库与 PCB 封装库设计

5.2.1 原理图符号库设计

通常，设计原理图符号时主要关注引脚的数量和引脚的属性，引脚的位置则需要按照实际连线情况进行调整，一般将输入引脚放在符号左侧，输出引脚放在符号右侧；也可以按照物理结构来摆放。

1. 常规原理图符号设计

（1）如图 5-64 所示，启动 Altium Designer，新建一个原理图库文件。

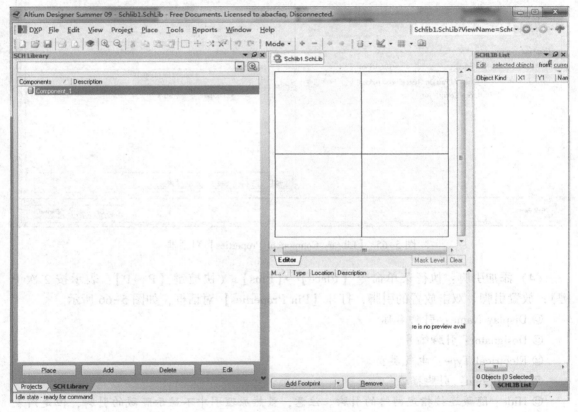

图 5-64 启动 Altium Designer

（2）单击左下角【SCH Library】标签，双击【Component_1】，打开【Library Component Properties】对话框，如图 5-65 所示。

☺ Default Designator：原理图库标号，如 D? /L? 等。

☺ Comment：原理图库的具体型号信息。

☺ Description：对原理图库的简单描述。

☺ Symbol Reference：原理图库名称。

73

（3）单击【Models for AD8091AR】区域的【Add...】按钮，在【Name】栏中添加封装名。本例将以 AD8091AR 为例，按图 5-65 所示填写属性后，单击【OK】按钮。

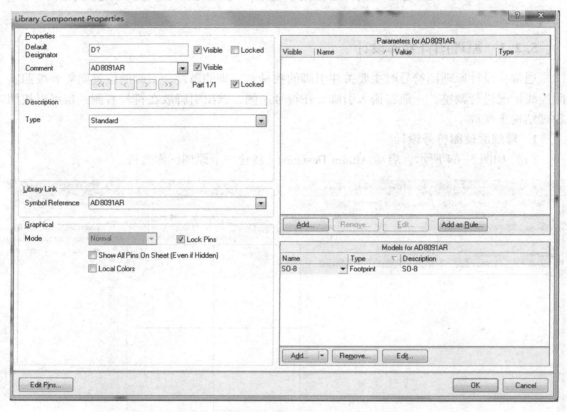

图 5-65 【Library Component Properties】对话框

（4）添加引脚：执行菜单命令【Place】→【Pins】（快捷键【P→P】：表示按 2 次 P 键），放置引脚。双击放置的引脚，打开【Pin Properties】对话框，如图 5-66 所示。

☺ Display Name：引脚名称。

☺ Designator：引脚编号。

☺ Electrical Type：电气类型。

☺ Description：引脚描述。

☺ Hide：隐藏连接指定网络的引脚。注意，虽然原理图中不显示隐藏的引脚，但是网表会导入其网络。

☺ Length：引脚长度。

（5）绘制元器件结构外形：在原理图符号库中，元器件结构外形分为两种，即线体结构外形和框体结构外形，如图 5-67 所示。当原理图中需要体现元器件内部逻辑功能，或者表现元器件特性时，用线体结构外形表示比较合适；若无特殊要求，用框体结构外形表示比较简便。

2. 分裂元器件符号的创建

创建原理图符号库时，经常会遇到引脚数较多的元器件，如 BGA 元器件、超过 100 个

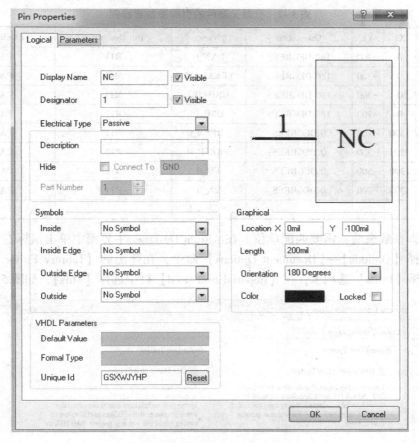

图 5-66 【Pin Properties】对话框

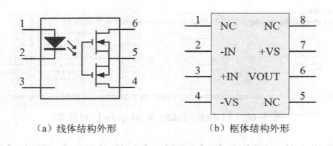

（a）线体结构外形　　　　（b）框体结构外形

图 5-67 线体结构外形和框体结构外形示意图

引脚的 QFP 元器件等。如果将所有引脚都放在一个单独的元器件符号库中，单页原理图可能放不下，所以对这类元器件要进行元器件分裂处理，将其放在多个部件中，然后以功能模块的形式分别进行绘制。

以 Xilinx 的 XC7K325T-2LFFG676 为例，Xilinx 官网中已给出该元件的引脚参数表，将所有引脚划分给不同的功能模块。执行菜单命令【Tools】→【New Part】（快捷键【T→W】：表示按 P 键+W 键），增加新的部件，将不同功能模块的引脚属性制作成表，插入即可。

分裂元器件的引脚参数表样例见表 5-2。

表 5-2 分裂元器件的引脚参数表样例

Object Kind	X1	Y1	Orientation	Name	Pin Designator	Electrical Type
PIN	0	−100	180 DEGREES	DXN_0	R11	PASSIVE
PIN	0	−300	180 DEGREES	VCCADC_0	M12	PASSIVE
PIN	0	−500	180 DEGREES	GNDADC	M11	PASSIVE
PIN	0	−700	180 DEGREES	DXP_0	R12	PASSIVE
PIN	1300	−100	0 DEGREES	VREFN_0	N11	PASSIVE
PIN	1300	−300	0 DEGREES	VREFP_0	P12	PASSIVE
PIN	1300	−500	0 DEGREES	VP_0	N12	PASSIVE
PIN	1300	−700	0 DEGREES	VN_0	P11	PASSIVE

导入引脚参数表前，需要匹配单位。在 Altium Designer 主界面中单击鼠标右键，在弹出的菜单中选择【Options】→【Document Options】命令，在弹出的【Library Editor Workspace】对话框中选择【Units】选项卡，在【Imperial unit used】栏中选择【Mils】，如图 5-68 所示。

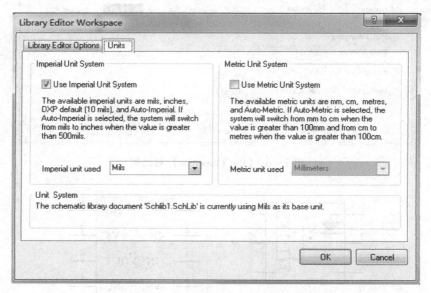

图 5-68 【Library Editor Workspace】对话框

复制引脚参数表格，执行菜单命令【SCH】→【SCHLIB List】，弹出【SCHLIB List】对话框，然后执行菜单命令【View】→【Edit】，切换为编辑状态。在空白处单击鼠标右键，在弹出的菜单中选择【Smart Grid Insert】命令，在打开的对话框中单击【Automatically Determine Paste】按钮，然后单击【OK】按钮，即可导入引脚参数。

5.2.2 PCB 封装库设计

启动 Altium Designer 软件，执行菜单命令【File】→【New】→【Library】→【PCB Library】，如图 5-69 所示。生成封装图设计文件后，将新生成的 PcbLib1.PcbLib 另存到指定目录，并重新命名库文件名。

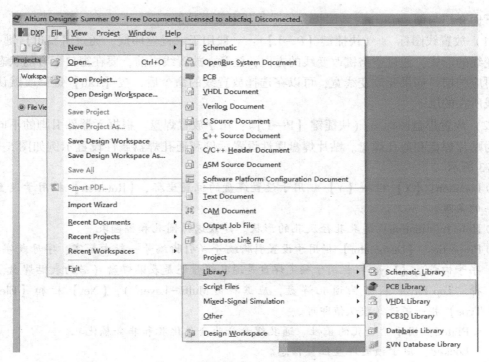

图 5-69　新建 PCB 封装库的菜单命令

单击【PCB Library】标签，在【Components】区域双击默认的空白 PCB 封装库文件名
"PCBCOMPONENT_1"，如图 5-70 所示。弹出【PCB Library Component［mil］】对话框，如
图 5-71 所示，在此可重新命名库文件并填写元器件高度。

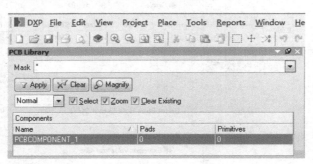

图 5-70　默认的空白 PCB 封装库文件

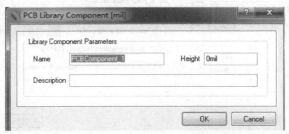

图 5-71　【PCB Library Component［mil］】对话框

下面介绍与创建 PCB 封装库相关的一些基本菜单功能。

（1）放置线图标 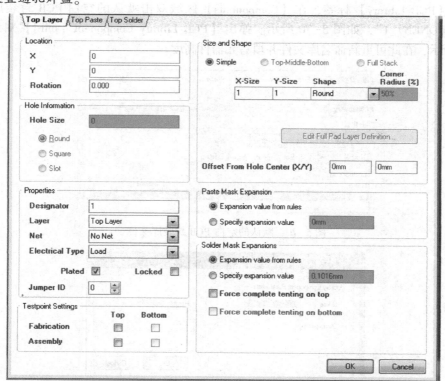（快捷键【P→L】）：一般用于放置丝印线，通过【Shift】键+空格键改变线的形式，通过空格键改变线的方向；注意，放置线之前，要在窗口下方的状态栏中选择对应的层。如果要改变线宽，可以在选择放置线的命令后，按【Tab】键修改默认的线宽和线所在的层。

（2）放置焊盘图标 ◉（快捷键【P→P】）：用于放置焊盘。根据元器件引脚的不同，焊盘分为贴片焊盘和通孔焊盘。贴片焊盘属性设置示例和通孔焊盘属性设置示例如图 5-72 和图 5-73 所示。

☺ Location：【X】栏和【Y】栏用于设置焊盘的位置坐标，【Rotation】栏用于设置焊盘的角度。

☺ Hole Information：通孔孔径及孔的形状。建议选择圆孔和椭圆孔。

☺ Properties：【Designator】栏用于设置引脚编号（引脚编号一般由数字、字母或字母+数字等构成），【Layer】栏用于确定焊盘是通孔焊盘还是表贴焊盘（若为表贴焊盘，应选择"Top Layer"；若为通孔焊盘，应选择"Multi-Layer"），【Net】栏和【Electrical Type】栏一般选择默认值即可。

✿ Plated：用于设置孔的属性。通孔焊盘分为金属化孔和非金属化孔。

✿ Locked：用于锁定焊盘位置信息。

☺ Size and Shape：【Simple】选项用于设置常规焊盘，【Top-Middle-Bottom】选项用于设置通孔焊盘。

图 5-72　贴片焊盘属性设置示例

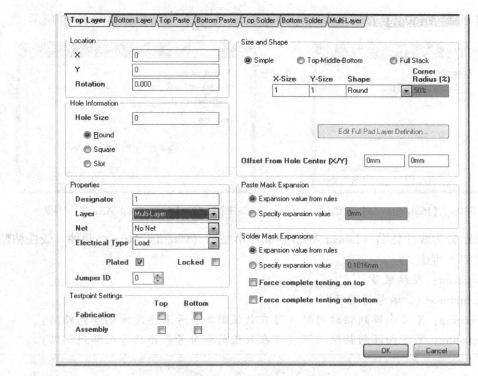

图 5-73　通孔焊盘属性设置示例

☆ X-size 和 Y-size：用于设置焊盘的长方向和宽方向的尺寸。

☆ Shape：用于设置焊盘的形状。

（3）放置字符图标 **A**（快捷键【P→S】）：用于放置丝印层的字符标识。注意：放置字符之前，要在窗口下方的状态栏中选择对应的层；若要改变字高或字宽，可以在选择放置字体的命令后按【Tab】键修改，也可以双击字符设置字体等属性。

（4）放置圆或圆弧的图标：

☺ ⌒（快捷键【P→A】）：中心法绘制圆弧。

☺ ⌒（快捷键【P→E】）：边缘法绘制圆弧。

☺ ⌒（快捷键【P→N】）：边缘法绘制任意角度圆弧。

☺ ◯（快捷键【P→U】）：绘制圆。

（5）编辑命令。

☺ 截断线段（快捷键【E→K】）：注意，这个命令无法截断圆弧，只能截断当前层的线段。按【Tab】键可以设置截断线段的长度。

☺ 设置原点：快捷键【E→F→P】用于将封装原点设置在引脚 1；快捷键【E→F→C】用于将封装原点设置在元器件中心；快捷键【E→F→L】用于将封装原点设置在指定位置。

☺ 阵列粘贴（快捷键【E→A】）：用于放置多个焊盘或字符。当弹出如图 5-74 所示的【Paste Special】对话框时，不选中【Paste on current layer】选项（若选中此选项，会将需要阵列粘贴的元素放在当前选定的层）。

单击【Paste Array...】按钮，弹出【Setup Paste Array】对话框，如图 5-75 所示。

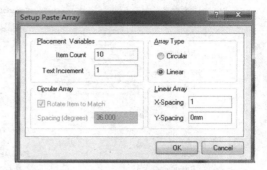

图 5-74　【Paste Special】对话框　　　　　图 5-75　【Setup Paste Array】对话框

阵列粘贴分为线性粘贴（Linear Array）和环形粘贴（Circular Array）两种。线性粘贴需填写的参数如下所述。

☺ Item Count：粘贴数量。

☺ Text Increment：编号递增量。

☺ X-Spacing：X 方向阵列粘贴间距（可在数值前加负号表示反方向阵列粘贴）。

☺ Y-Spacing：Y 方向阵列粘贴间距（可在数值前加负号表示反方向阵列粘贴）。

　　复制元素时，必须选择相应的基点；阵列粘贴时，也要选择相应的基点。在基点处粘贴后，会产生重复的文件，应将其删除。

5.2.3　表面贴装元器件 PCB 封装设计实例

本节以常规的 SO-8 封装为例，介绍创建 PCB 封装库的详细过程。

（1）从图 5-76 所示的封装信息图中提取封装信息：焊盘尺寸为 0.6mm×2.2mm，焊盘间距为 1.27mm，跨距为 5.2mm，逆时针排序；塑封体外形尺寸最大值为 5mm×4mm。

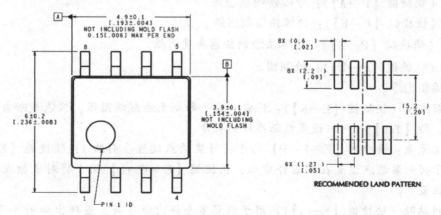

图 5-76　SO-8 封装信息图

（2）按快捷键【P→P】放置焊盘；按【TAB】键，按照图 5-77 所示设置 SMT 焊盘参数。

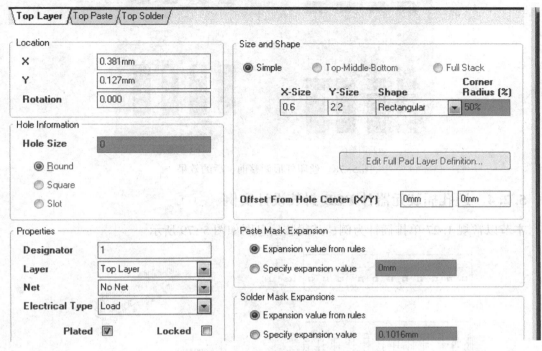

图 5-77　设置 SMT 焊盘参数

（3）按快捷键【E→F→P】，将封装原点设置在引脚 1。

（4）按快捷键【E→A】，以引脚 1 为基点，阵列粘贴 4 个焊盘，间距为 1.27mm（注意，要删除多余的引脚 1）。

（5）按快捷键【P→P】，放置引脚 5，引脚 5 的 X 坐标同引脚 4 的 X 坐标，其 Y 坐标为 5.2mm。

（6）按快捷键【E→A】，以引脚 5 为基点，反方向阵列粘贴 4 个焊盘，间距为 1.27mm（注意，要删除多余的引脚 5）。

（7）按快捷键【E→F→C】，将封装原点设置在元器件中心。

（8）按快捷键【P→L】，绘制元器件的外形（5mm×4mm）。放置丝印线前，应在状态栏中选择丝印顶层（Top overlay）。由于该外形中心对称，所以其 4 个端点的坐标分别为（2.5,2）、（-2.5,2）、（-2.5,-2）和（2.5,-2）。绘制完外形后，会发现丝印线是压在焊盘上的，需要通过修改格点的方法，将该外形宽度调小，保证丝印线边缘与焊盘边缘之间的距离不小于 6mil。

（9）增加引脚 1 标识的圆圈和主体丝印标识上的半圆，确保焊接时能识别引脚 1 的位置。

丝印外形调整前、后的效果如图 5-78 所示。

81

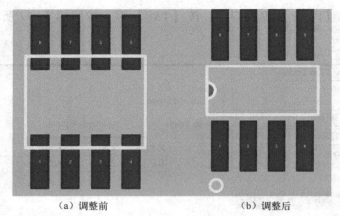

（a）调整前　　　　　　　　　　　（b）调整后

图 5-78　丝印外形调整前、后的效果

5.2.4　通孔插装元器件 PCB 封装设计实例

本节以常规 1.27 单排插针为例，其封装信息图如图 5-79 所示。

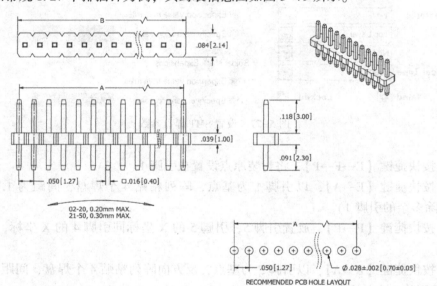

图 5-79　常规 1.27 单排插针的封装信息图

（1）提取封装信息：设计 10 引脚单排插针的 PCB 封装，孔径为 0.7mm，焊盘为 1.0mm×1.3mm 的椭圆形焊盘，焊盘间距为 1.27mm，A = 11.43mm，B = A + 1.27mm = 12.7mm，即丝印外形尺寸为 12.7mm×2.14mm。

（2）按快捷键【P→P】，放置焊盘；按【TAB】键，按照图 5-80 所示设置通孔焊盘参数。

（3）按快捷键【P→L】，放置丝印线，绘制出元器件外形，再通过修改坐标的方式调整外形尺寸。

（4）优化外形尺寸，增加引脚 1 标识。如果丝印线靠近焊盘或压在焊盘上，则需要外扩丝印框。

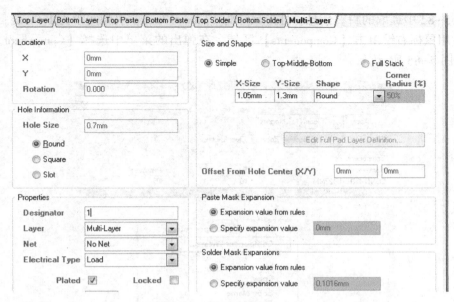

图 5-80   设置通孔焊盘参数

最终完成的常规 1.27 单排插针 PCB 封装如图 5-81 所示。

图 5-81   最终完成的常规 1.27 单排插针 PCB 封装

5.2.5   向导法创建 BGA 封装实例

本节以一个 BGA 封装为例，介绍利用向导法设计 BGA 封装的过程与步骤。
图 5-82 所示的是 FBGA256 封装信息。

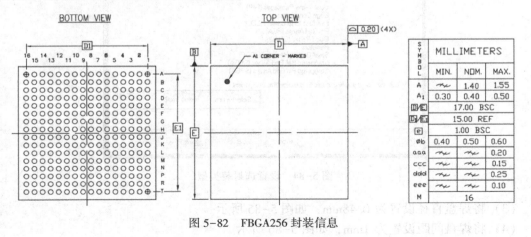

图 5-82   FBGA256 封装信息

83

从图 5-82 中提取的封装信息：外形尺寸为 17mm×17mm，引脚间距为 1.0mm。

（1）用鼠标右键单击【Components】区域，在弹出的菜单中选择【Component Wizard】命令，如图 5-83 所示。

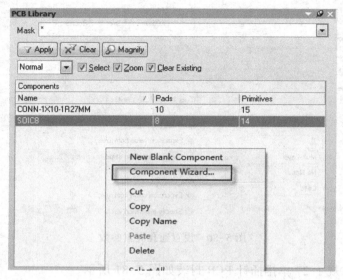

图 5-83　选择【Component Wizard】命令

（2）在弹出的【Component Wizard】对话框中，将封装类型设置为 BGA（单位为 mm），如图 5-84 所示。

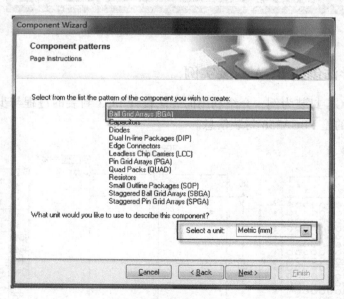

图 5-84　设置选封装类型

（3）将焊盘直径设置为 0.48mm，如图 5-85 所示。

（4）将焊盘间距设置为 1mm，如图 5-86 所示。

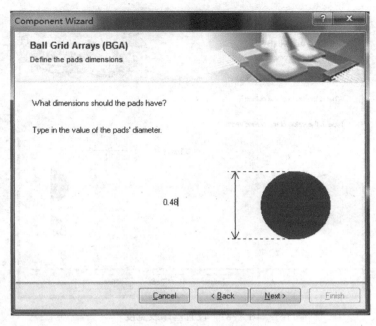

图 5-85　设置焊盘直径

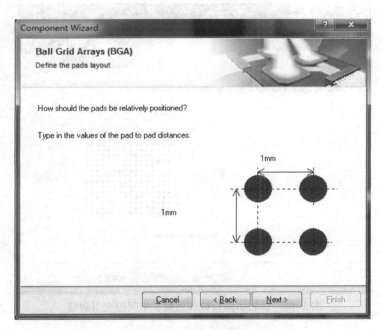

图 5-86　设置焊盘间距

（5）将丝印线宽度设置为 0.15mm，如图 5-87 所示。

（6）将引脚行数和列数设置为 16，中间挖空引脚数为 0，如图 5-88 所示。

（7）设置封装名，即可生成 BGA 的 PCB 封装。然后根据规范优化丝印线和原点，完成 BGA256 的 PCB 封装的创建。

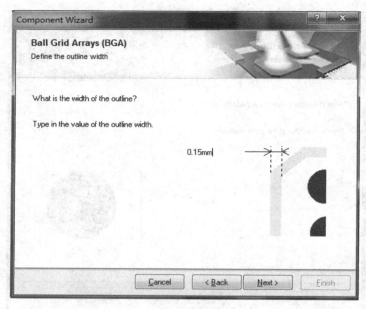

图 5-87　设置丝印线宽度

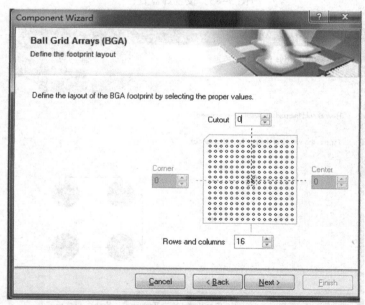

图 5-88　设置引脚行数和列数、中间挖空引脚数

5.3　PADS 原理图符号库与 PCB 封装库设计

5.3.1　原理图符号库设计

（1）打开 PADS Logic 软件，执行菜单命令【文件】→【库】→【管理库】，弹出【库管理器】对话框，如图 5-89 所示。加载 PADS_LIB，然后单击【关闭】按钮。

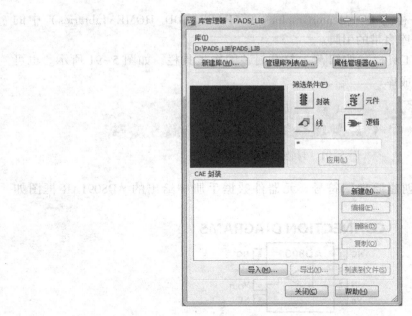

图 5-89 【库管理器】对话框

（2）执行菜单命令【逻辑】→【新建】，进入原理图符号库编辑界面，如图 5-90 所示。

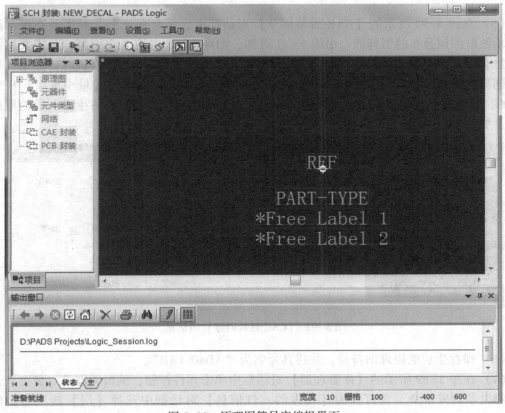

图 5-90 原理图符号库编辑界面

（3）加载系统库（路径为 C：\ MentorGraphics \ 9. 5PADS \ SDD＿HOME \ Libraries）中的 common 库，用于调用系统库自带的引脚。

（4）单击"封装编辑工具栏"按钮，打开封装编辑工具栏，如图 5-91 所示。也可以直接使用向导按钮生成库。

图 5-91　封装编辑工具栏

以 AD8091AR 为例，创建原理图符号。元器件数据手册中给出的 AD8091AR 框图如图 5-92 所示。

CONNECTION DIAGRAMS

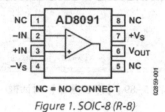

NC = NO CONNECT

Figure 1. SOIC-8 (R-8)

图 5-92　元器件数据手册中给出的 AD8091AR 框图

（5）在图 5-93 所示的【CAE 封装向导】对话框中，总共有 4 列，其中最右侧两列分别表示图框四周分布的引脚数。由图 5-92 可知，AD8091AR 共有 8 个引脚，只需要将左边引脚数和右边引脚数设置为 4，将上边引脚数和下边引脚数设置为 0。设置时，注意预览最左侧图形的变化，看是否已调整正确。最后，在【方框参数】区域的【最小宽度】栏中输入 600，避免后面填写引脚名时出现重叠现象。单击【确定】按钮，即可生成所需的原理图符号，如图 5-94 所示。

图 5-93　【CAE 封装向导】对话框

（6）保存生成的原理图符号，并将其命名为"AD8091AR"。

（7）在图 5-89 所示的【库管理器】对话框中单击元件按钮，编辑元器件封装类型，单击编辑电参数按钮，在打开的【元件的元件信息】对话框中选择【门】选项卡，加载 AD8091AR 的 CAE 封装，如图 5-95~图 5-97 所示。

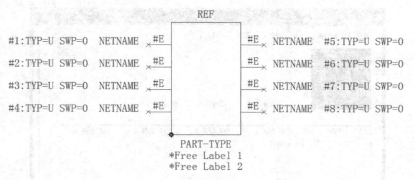

图 5-94　生成的原理图符号

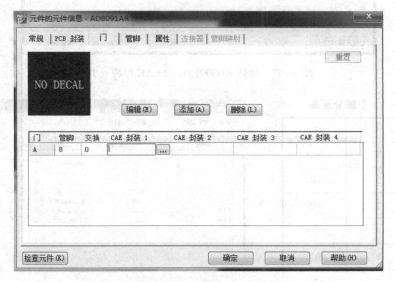

图 5-95　加载 AD8091AR 的 CAE 封装（1）

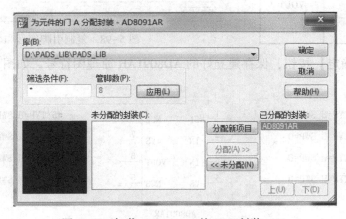

图 5-96　加载 AD8091AR 的 CAE 封装（2）

（8）选择【元件的元件信息】对话框的【管脚】选项卡，将引脚分配表（见表 5-3）中的引脚编号和名称复制过来，如图 5-98 所示。

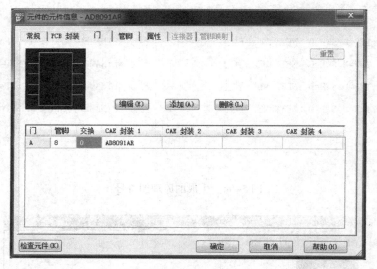

图 5-97 加载 AD8091AR 的 CAE 封装（3）

表 5-3 引脚分配表

	A	B
1	1	NC1
2	2	−IN
3	3	+IN
4	4	−VS
5	8	NC2
6	7	+VS
7	6	VOUT
8	5	NC3

图 5-98 复制引脚编号和名称

（9）单击【确定】按钮，保存建立好的 AD8091AR 原理图符号，如图 5-99 所示。

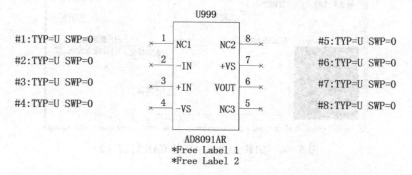

图 5-99 AD8091AR 原理图符号

5.3.2 PCB 封装库设计

（1）打开 PADS Layout 软件，执行菜单命令【文件】→【库】→【新建库】，生成 4 个库文件，如图 5-100 所示。

名称	类型	大小
PADS_LIB.ld9	LD9 文件	17 KB
PADS_LIB.ln9	LN9 文件	17 KB
PADS_LIB.pd9	PD9 文件	17 KB
PADS_LIB.pt9	PT9 文件	17 KB

图 5-100 PADS 元器件库文件名称

☺ PADS_LIB.ld9：CAE 原理图符号库，包含元器件的原理图符号信息。

☺ PADS_LIB.ln9：2D 线库，包含原理图中使用的线条、图案或 Logo 图形等。

☺ PADS_LIB.pd9：PCB 封装库，包含元器件物理信息，如孔径、焊盘、外形尺寸等。

☺ PADS_LIB.pt9：元器件类型库，包含元器件类型与元件封装的关系，以及引脚的电气信息等。

通常，元器件库的封装设计包含元器件的原理图符号库设计和 PCB 封装库设计；而在 PADS 软件中，则是单独设立了一个元器件类型库的概念，它将 CAE 原理图符号库和 PCB 封装库联系起来，无论将原理图库调入原理图设计，还是将 PCB 封装库调入 PCB 设计，都是通过元器件类型库来实现的。元器件类型库可以在 PADS Logic 或 PADS Layout 中建立，但是 CAE 原理图符号库只能在 PADS Logic 中建立，PCB 封装库只能在 PADS Layout 中建立。

（2）执行菜单命令【文件】→【库】，弹出【库管理器】对话框，如图 5-101 所示。在【库】栏中选择已建立的 PADS_LIB 封装库，单击【筛选条件】区域中的【封装】按钮，然后单击【新建...】按钮，进入封装编辑界面。

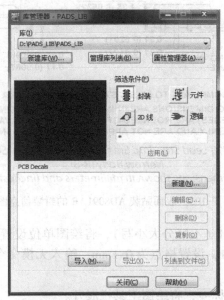

图 5-101 【库管理器】对话框

91

（3）在封装编辑界面中出现字符"Name"和"Type"，以及 PCB 原点标志，如图 5-102 所示。其中，字符"Name"代表元器件的参考编号，字符"Type"代表元器件类型，PCB 原点标志用于制作封装时坐标定位和编辑封装（复制、移动、旋转等）时的参考位置。

图 5-102　封装编辑界面

接下来介绍表面贴装 AD8091AR 的 PCB 封装设计。

5.3.3　表面贴装 PCB 封装设计实例

表面贴装 AD8091AR 采用的封装为 SO-8 封装，其封装信息图如图 5-103 所示。由图可知，焊盘尺寸为 0.6mm×2.2mm，焊盘间距为 1.27mm，跨距为 5.2mm，引脚排序为逆时针排序，塑封体外形尺寸（长×宽）最大值为 5mm×4mm。

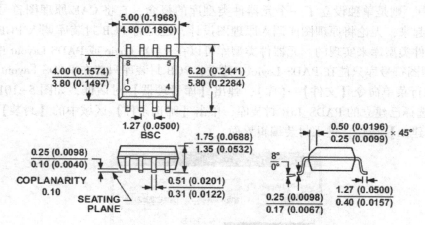

COMPLIANT TO JEDEC STANDARDS MS-012-A A
CONTROLLING DIMENSIONS ARE IN MILLIMETERS; INCH DIMENSIONS
(IN PARENTHESES) ARE ROUNDED-OFF MILLIMETER EQUIVALENTS FOR
REFERENCE ONLY AND ARE NOT APPROPRIATE FOR USE IN DESIGN.

Figure 37. 8-Lead Standard Small Outline Package [SOIC_N]
Narrow Body (R-8)
Dimensions shown in millimeters and (inches)

图 5-103　表面贴装 AD8091AR 的封装信息图

（1）输入无模命令 UMM（不区分大小写），将绘图单位设置为毫米（mm）。

（2）输入无模命令 G0.1，设置格点为 0.1mm；输入无模命令 GD0.1，设置显示格点间距为 0.1mm。

（3）单击绘图工具栏图标，将绘图工具栏展开。

（4）单击添加端点图标 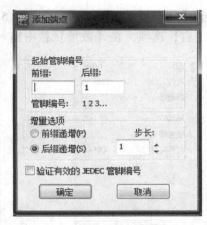，弹出【添加端点】对话框，如图 5-104 所示。如果建立的封装引脚编号仅包含数字，只需单击【确定】按钮，然后在原点附近单击鼠标左键，即可放下一个焊盘。默认放下的是一个孔径为 0.889mm，焊盘直径为 1.524mm 的通孔焊盘。

（5）双击焊盘，弹出【焊盘栈特性—新建封装（公制）】对话框，如图 5-105 所示。在此对话框中，将焊盘设置为所需的形状和大小。因焊盘为 0.6mm×2.2mm 的椭圆形表贴焊盘，所以在贴装面将焊盘设置为椭圆形焊盘，将其宽度设置为 0.6mm，长度设置为 2.2mm，而其内层和对面层（底层）的尺寸均为 0，钻孔尺寸也设置为 0。

图 5-104 【添加端点】对话框

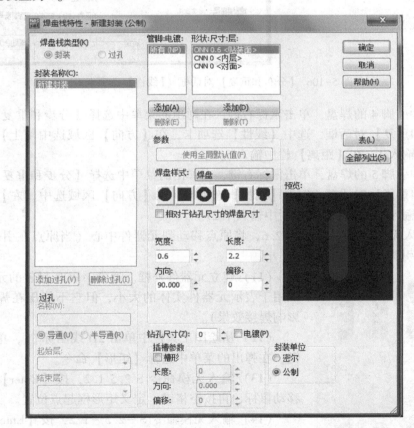

图 5-105 【焊盘栈特性—新建封装（公制）】对话框

（6）将原点定义在引脚 1 上：选中引脚 1 的焊盘，输入无模命令 SO，按【Enter】键即可。

（7）选中引脚 1 的焊盘，单击鼠标右键，在弹出的菜单中选择【分步和重复...】命令，弹出【分布和重复】对话框，如图5-106所示。选中【线性】选项卡，在【方向】区域选中【右】选项，在【数量】栏中输入3，在【距离】栏中输入1.27。

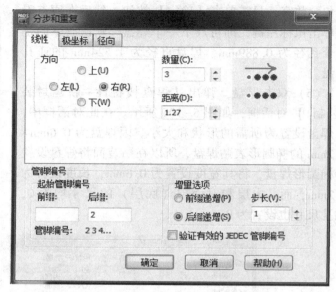

图5-106 【分布和重复】对话框（【线性】选项卡）

（8）选中引脚4的焊盘，单击鼠标右键，在弹出的菜单中选择【分步和重复...】命令，弹出【分布和重复】对话框，选中【线性】选项卡，在【方向】区域选中【上】选项，在【数量】栏中输入1，在【距离】栏中输入5.2。

（9）选中引脚5的焊盘，单击鼠标右键，在弹出的菜单中选择【分步和重复...】命令，弹出【分布和重复】对话框，选中【线性】选项卡，在【方向】区域选中【左】选项，在【数量】栏中输入3，在【距离】栏中输入1.27。

（10）输入无模命令 SO 1.905 2.6，将原点移动到元器件中心（当原点在引脚1上时，中心点坐标=引脚5的坐标值/2）。

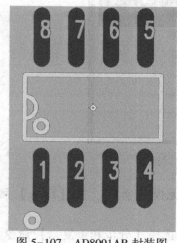

图5-107 AD8091AR 封装图

（11）建立元器件外框。通常，PCB封装的元件丝印外框用于表示元器件实体的大小，但它不能压在焊盘上（会影响焊接效果）。

（12）从绘图工具栏中单击2D线图标，单击鼠标右键，在弹出的菜单中选择【矩形】命令。

（13）输入无模命令 S 2.5 1.2，按【Enter】键，不要移动鼠标，再按空格键，定义矩形框起点位置。

（14）输入无模命令 S -2.5 -1.2，按【Enter】键，不要移动鼠标，再按空格键，定义矩形框终点位置。

（15）单击鼠标右键，在弹出的菜单中选择【圆形】命令，在引脚1附近添加一个半径为0.3mm的圆形，作为引脚1的标识，如图5-107所示。

（16）单击保存按钮，弹出【将PCB封装保存到库中】对话框，如图 5-108 所示。在【PCB 封装名称：（N）】栏中输入 "SO-8"，单击【确定】按钮；在【元件类型名称：（N）】栏中输入 "AD8091AR"，单击【确定】按钮。

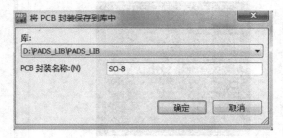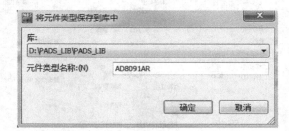

图 5-108　封装保存界面

至此，完成了表面贴装 AD8091AR 的 PCB 封装的创建工作。

5.3.4　向导法创建 BGA 封装实例

本节以 Xilinx 的 XC7K325T-2LFFG676 为例，其封装信息图如图 5-109 所示。

FF676 Flip-Chip Fine-Pitch BGA Package Specifications (1.00mm pitch)

SYMBOL	MILLIMETERS			NOTE
	MIN.	NOM.	MAX.	
A	2.35	～	3.00	
A_1	0.40	～	0.60	
A_2	0.65	～	1.00	
D/E_1	27.00 BASIC			
D/E	25.00 REF			
e	1.00 BASIC			
Øb	0.50	0.60	0.70	
aaa	～	～	0.20	
ccc	～	～	0.25	
ddd	～	～	0.25	
eee	～	～	0.10	
M		26		2

图 5-109　Xilinx 的 XC7K325T-2LFFG676 的封装信息图

（1）单击【新建】按钮，进入封装编辑界面

（2）单击绘图工具栏中的向导按钮，弹出【Decal Wizard】对话框，如图 5-110 所示。选中【BGA/PGA】选项卡，在【单位】区域选中【公制】选项，在【设备类型】区域选中【SMD】选项，在【高度（H）】栏中输入 3，在【焊盘栈】区域的【直径（T）】栏中输入 0.48，在【原点】区域选中【中心（E）】选项，在【行距（I）】栏中输入 1，在【列间距（P）】栏中输入 1，在【行数（W）】栏中输入 26，在【列数（U）】栏中输入 26。

（3）单击【确定】按钮，适当调整元器件的 "Name" 及 "Tpye" 的位置，添加倒角，添加 A1 引脚的标识，如图 5-111 所示。

（4）单击【保存】按钮，将创建的 XC7K325T-2LFFG676 封装保存到 PCB 封装库中。

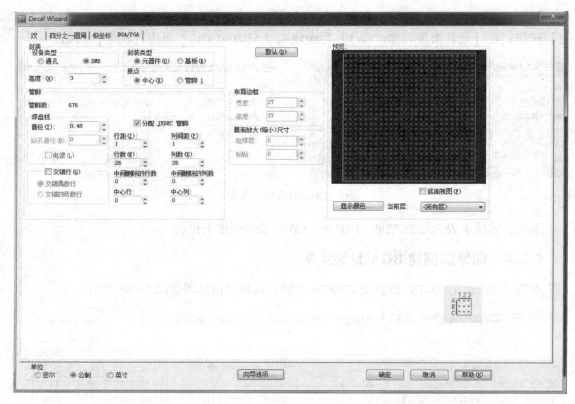

图 5-110 【Decal Wizard】对话框（【BGA/PGA】选项卡）

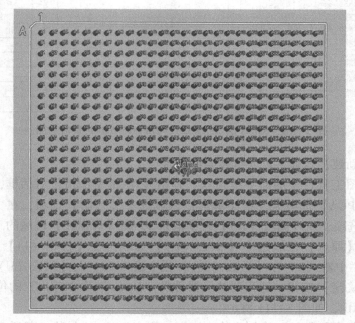

图 5-111 向导法生成的 XC7K325T-2LFFG676 的 PCB 封装

5.4 Allegro 原理图符号库与 PCB 封装库设计

5.4.1 常规元器件的原理图符号设计

（1）如图 5-112 所示，在 Windows 操作系统中启动 OrCAD Capture CIS。

（2）如图 5-113 所示，执行菜单命令【File】→【New】→【Library】，生成一个单独的元器件库，将其保存到指定目录中，并命名为 LIBRARY. OLB。

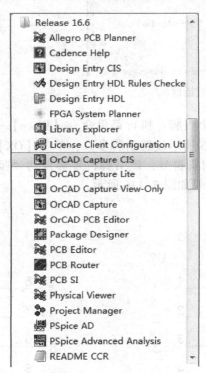

图 5-112　启动 OrCAD Capture CIS

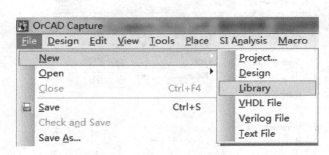

图 5-113　新建原理图库

（3）选中新建的库文件，单击鼠标右键，在弹出的菜单中选择【New Part】命令，弹出【New Part Properties】对话框，如图 5-114 所示。

☺ Name：元器件名称。

☺ Part Reference Prefix：元器件编号的标识。

☺ PCB Footprint：元器件的 PCB 封装名称。

☺ Multi-Part Package：库的组成部分。

如果只有独立的一个部分，采用默认设置即可。本节以 AD8091AR 为例，按图 5-114 所示进行设置。

（4）单击【OK】按钮，生成一个初始的虚线框。虚线框的大小可以随意调整（可以稍微调大一些，放好引脚后再重新调整）。放置引脚时：可以执行菜单命令【Place】→【Pin】，逐个放置引脚，边放置边设置其属性；也可以执行菜单命令【Place】→【Pin array】，一次性放下

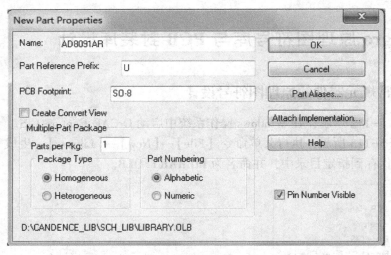

图 5-114 【New Part Properties】对话框

全部引脚，再逐个修改其属性。本例选择一次性放下 8 个引脚：执行菜单命令【Place】→【Pin array】，弹出【Place Pin Array】对话框，按图 5-115 所示设置引脚参数，单击【OK】按钮，引脚符号就黏附在光标上；在合适的位置上放下引脚符号，该引脚符号会自动"吸附"在虚线框的边线上；调整引脚放置位置，引脚放置效果如图 5-116 所示。

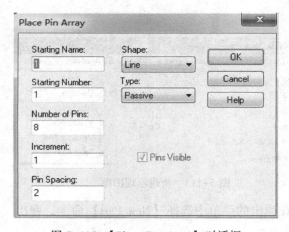

图 5-115 【Place Pin Array】对话框

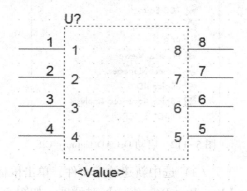

图 5-116 引脚放置效果

（5）修改引脚属性：双击某一个引脚，在弹出的对话框中填写该引脚的属性信息；也可以按住【Ctrl】键不放，选中所有引脚，再按快捷键【Ctrl+E】，弹出【Browse Spreadsheet】对话框，如图 5-117 所示。在【Browse Spreadsheet】对话框中，显示了所有引脚的引脚属性信息，在此可对每个引脚的属性进行编辑，然后单击【OK】按钮保存即可。

（6）设置好引脚属性后，单击添加矩形线框图标 ▭，添加矩形线框，如图 5-118 所示。完成设计后，将该原理图符号保存到原理图符号库中即可。

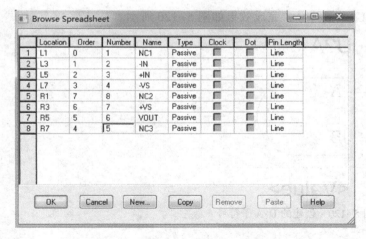

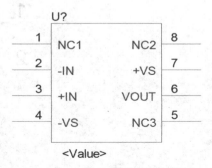

图 5-117 【Browse Spreadsheet】对话框　　　　　图 5-118 添加矩形线框后的效果

5.4.2 分裂元件的原理图符号设计

在图 5-114 所示的【New Part Properties】对话框中,【Package Type】区域有两个选项,即【Homogeneous】和【Heterogeneous】。如果设计一个元器件的原理图符号时需要将其分裂成多个子符号,就要注意这两种类型的区别:Homogeneous 类型用于多个子符号除引脚编号不一样之外,其他属性均相同的情况;Heterogeneous 类型用于针对引脚数量及电气属性等不一致的模块。

下面分别介绍采用这 2 种方式创建原理图符号的过程。

1. Homogeneous 类型原理图符号的创建

(1) 选中新建的库文件,单击鼠标右键,在弹出的菜单中选择【New Part】命令,弹出【New Part Properties】对话框,如图 5-119 所示。在【Name】栏中输入元器件名称 "test",在【Multiple-Part Package】区域的【Parts per Pkg】栏中输入 2,在【Package Type】区域选中【Homogeneous】选项。

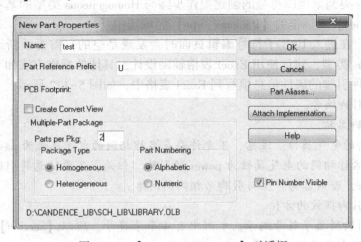

图 5-119 【New Part Properties】对话框

（2）单击【OK】按钮，创建 U?A 子符号，完成效果如图 5-120 所示。

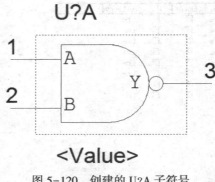

图 5-120　创建的 U?A 子符号

（3）按快捷键【CTRL+N】，创建 U?B 子符号，如图 5-121 所示。由图可见，此时 U?B 与 U?A 子符号相同，只需要修改引脚编号即可。

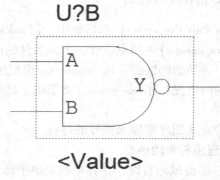

图 5-121　U?B 子符号的创建

2. Heterogeneous 类型原理图符号的创建

Heterogeneous 类型原理图符号的创建操作步骤与 Homogeneous 类型的基本相同，只是在【New Part Properties】对话框的【Package Type】区域选中【Heterogeneous】选项，完成 U?A 子符号的创建后，在进入 U?B 子符号编辑页面时会发现是空的，需要重新绘制。如果需要采用 Heterogeneous 类型，建议使用 Excel 表格辅助设计，具体的操作方法如下所述。

（1）将元器件引脚的属性信息填写到 Excel 表格中，如图 5-122 所示。

☺ number：引脚编号。

☺ name：引脚名称。

☺ type：引脚的电气属性。注意，不允许存在名称相同的电气属性为 passive 的引脚，只允许存在名称相同的电气属性为 power 的引脚。但是，不要随意将引脚的电气属性设置为 power，否则容易产生与引脚名相同的网络。

☺ position：引脚摆放的方位。

☺ section：引脚所属子符号编号。本例中有 4 个子符号，所以【section】列中有 A、B、C 和 D 共 4 个编号供选择。

（2）选中元器件库，单击鼠标右键，在弹出的菜单中选择【New Part From Spreadsheet】

	A	B	C	D	E	F	G	H
1	number	name	type	pin visit	shape	pingroup	position	section
2	D7	VFB2	passive	0	Line		LEFT	A
3	D8	TRACK2	passive	0	Line		LEFT	A
4	E7	COMP2	passive	0	Line		LEFT	A
5	F9	RUN2	passive	0	Line		LEFT	A
6	G11	SW2	passive	0	Line		LEFT	A
7	G8	PGOOD2	passive	0	Line		LEFT	A
8	G5	CLKOUT	passive	0	Line		LEFT	A
9	F8	DIFFOUT	passive	0	Line		LEFT	A
10	G4	PHASEMD	passive	0	Line		LEFT	A
11	J6	TEMP	passive	0	Line		LEFT	A
12	D5	VFB1	passive	0	Line		LEFT	A
13	E5	TRACK1	passive	0	Line		LEFT	A
14	E6	COMP1	passive	0	Line		LEFT	A
15	F5	RUN1	passive	0	Line		LEFT	A
16	G2	SW1	passive	0	Line		LEFT	A
17	G9	PGOOD1	passive	0	Line		LEFT	A
18	C6	FSET	passive	0	Line		LEFT	A
19	E8	DIFF_P	passive	0	Line		LEFT	A
20	E9	DIFF_N	passive	0	Line		LEFT	A
21	F4	MODE_PLLI	passive	0	Line		LEFT	A
22	A6	GND_1	passive	0	Line		LEFT	B
23	A7	GND_2	passive	0	Line		LEFT	B
24	B6	GND_3	passive	0	Line		LEFT	B
25	B7	GND_4	passive	0	Line		LEFT	B

图 5-122　填写到 Excel 表中的元器件引脚属性信息

命令，弹出【New Part Creation Spreadsheet】对话框，如图 5-123 所示。在【Part Name】栏中输入元器件型号“LTM630A”，在【NO. of Sections】栏中输入 4，在【Part Ref Prefix】栏中输入“U”。将图 5-122 所示的 Excel 表格中的内容复制过来（注意，表头不用复制）。

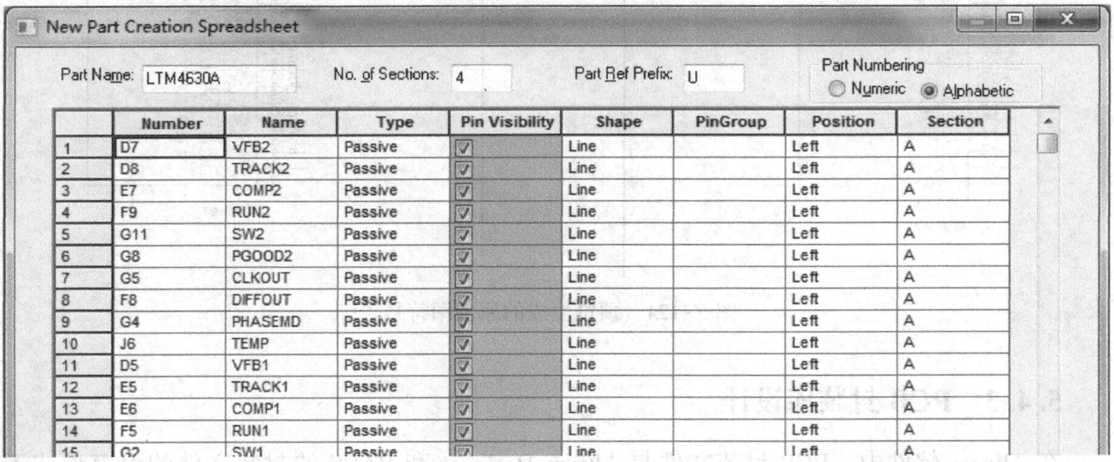

	Number	Name	Type	Pin Visibility	Shape	PinGroup	Position	Section
1	D7	VFB2	Passive	☑	Line		Left	A
2	D8	TRACK2	Passive	☑	Line		Left	A
3	E7	COMP2	Passive	☑	Line		Left	A
4	F9	RUN2	Passive	☑	Line		Left	A
5	G11	SW2	Passive	☑	Line		Left	A
6	G8	PGOOD2	Passive	☑	Line		Left	A
7	G5	CLKOUT	Passive	☑	Line		Left	A
8	F8	DIFFOUT	Passive	☑	Line		Left	A
9	G4	PHASEMD	Passive	☑	Line		Left	A
10	J6	TEMP	Passive	☑	Line		Left	A
11	D5	VFB1	Passive	☑	Line		Left	A
12	E5	TRACK1	Passive	☑	Line		Left	A
13	E6	COMP1	Passive	☑	Line		Left	A
14	F5	RUN1	Passive	☑	Line		Left	A
15	G2	SW1	Passive	☑	Line		Left	A

图 5-123　【New Part Creation Spreadsheet】对话框

（3）单击【Save】按钮，保存引脚属性信息。

（4）双击打开原理图库，执行菜单命令【View】→【Package】，预览生成的原理图符号，如图 5-124 所示。双击其中任一部分，即可进入编辑界面，对引脚的位置进行调整。

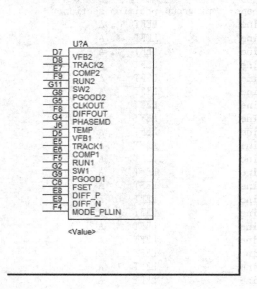

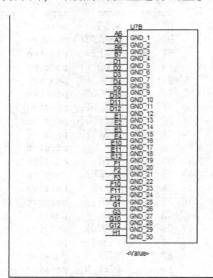

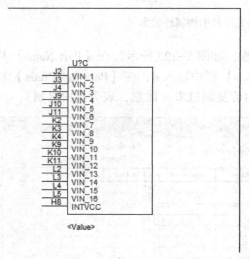

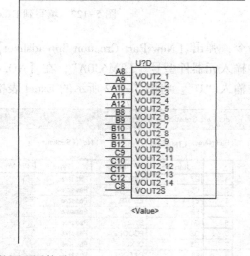

图 5-124　预览生成的原理图符号

5.4.3　PCB 封装库设计

在 Allegro 软件中，PCB 封装文件与 Altium Designer 和 PADS 的封装文件的保存形式不同，它的每一个元器件的库文件都是单独设计的，甚至每个元器件中的焊盘都是单独建立的，所以了解 Allegro 软件的文件分类十分必要。Allegro 库文件的分类见表 5-4。

表 5-4　Allegro 库文件的分类

文 件 类 型	文 件 后 缀	
封装文件	dra、psm	元器件的封装数据文件
机械封装文件	dra、bsm	一般为 PCB 的板框及定位孔信息文件
Shape 文件	dra、ssm	异形焊盘的图形文件
Flash 文件	dra、fsm	PCB 内层为负片层时的热风焊盘图形文件
图形结构文件	dra、osm	Logo 图形及文字说明等文件
焊盘文件	pad	定义焊盘孔径、焊盘直径、阻焊、钢网等信息的文件

1. Flash 文件设计

热风焊盘，也称 Flash 焊盘、花焊盘，一般在内层（地层、电源层）中使用。焊接元器件时，热风焊盘可以减小散热速度，使热量集中在焊盘上，以利于焊接。

（1）在 Windows 操作系统中执行菜单命令【Allegro】→【PCB Editor】，启动 Allegro，并设置软件采用公制单位毫米（mm）。执行菜单命令【File】→【New】，在弹出的【New Drawing】对话框的【Drawing Name】栏中输入热风焊盘的名称（此处以 FC1R00W1R60 为例），并在【Drawing Type】栏中选择【Flash symbol】类型，如图 5-125 所示。

（2）本例要设计一个内径为 1.0mm、外径为 1.6mm 的热风焊盘。执行菜单命令【Add】→【Flash】，弹出【Thermal Pad Sy…】对话框，如图 5-126 所示。

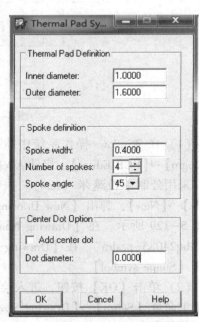

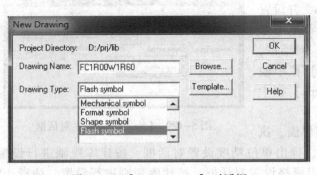

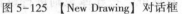

图 5-125　【New Drawing】对话框　　　　　图 5-126　【Thermal Pad Sy…】对话框

（3）在【Inner diameter】栏中输入 1.0000，在【Outer diameter】栏中输入 1.6000，在【Spoke width】栏中输入 0.4（表示缺口宽度为 0.4mm），其他参数选择默认值即可。通常，热风焊盘的内径与通孔焊盘的直径相同，热风焊盘环宽为 0.3mm，焊盘缺口一般为 4 个

图 5-127 常规热风焊盘图形

（45°缺口）。单击【OK】按钮，即可得到常规热风焊盘图形，如图 5-127 所示。

（4）单击【保存】按钮（文件名为"FC1R00W1R60"），即可得到 FC1R00W1R60.dra 文件和 FC1R00W1R60.fsm 文件（dra 文件是库编辑文件，fsm 文件是实际调用的文件）。

2. Shape 文件设计

Shape 文件适用于不规则图形的表贴焊盘。在创建焊盘前，要先生成 Shape 文件（包括 dra 文件和 ssm 文件）。

本节以 BQ24085 的底部焊盘为例，其封装信息图如图 5-128 所示。

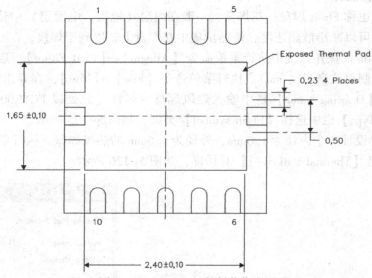

图 5-128　BQ24085 的封装信息图

（1）在 Windows 操作系统中执行菜单命令【Allegro】→【PCB Editor】，启动 Allegro，并设置软件采用公制单位毫米（mm）。执行菜单命令【File】→【New】，弹出【New Drawing】对话框，如图 5-129 所示。在【Drawing Name】栏中输入"bq24085-p.dra"，在【Drawing Type】栏中选择【Shape symbol】。

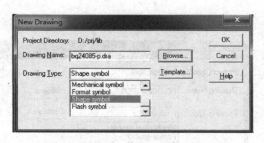

图 5-129　【New Drawing】对话框

（2）单击【OK】按钮，进入绘图界面。执行菜单命令【Setup】→【Drawing Size】，弹出单位精度设置对话框，按建库规则进行设置；执行菜单命令【Setup】→【Grids】，弹出栅格设置对话框，按建库规则进行设置。注意，要将格点设置在图幅的中心。

（3）设置完成后，如图 5-130 所示，执行菜单命令【Shape】→【Polygon】，在 Etch 层至 Top 层中绘制出所需的异形焊盘的形状，并设定异形焊盘的物理中心为中心点，如图 5-131 所示。

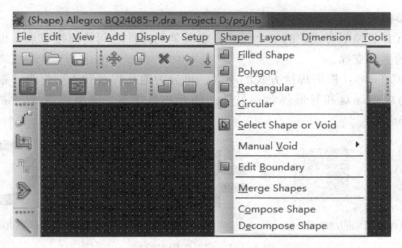

图 5-130　执行菜单命令【Shape】→【Polygon】

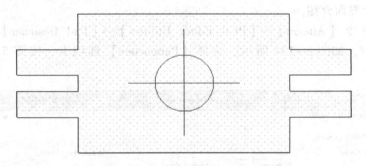

图 5-131　创建的异形焊盘图形

注意：如果形状复杂，可以通过专业绘图文件（如 AutoCAD 等）绘制好外形，再将图形导入，从而生成异形焊盘图形。

如果不能确定异形焊盘图形的中心，可以在绘制好异形焊盘外形后，执行菜单命令【Edit】→【Move】命令，弹出【Options】对话框，如图 5-132 所示。在【Point】栏中选择【Body Center】，将异形焊盘图形移至 (X,0,0) 点。

（4）按同样的方式完成阻焊层图形的设计，将其命名为"bq24085-s"并保存。阻焊层图形应比焊盘层整体大 0.15mm。

上述步骤完成后，将得到 bq24085-p. dra、bq24085-p. ssm 和 bq24085-s. dra、bq24085-s. ssm4 个文件。

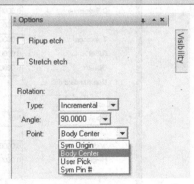

图 5-132　【Options】对话框

3. 焊盘参数设计

焊盘是 PCB 封装不可或缺的一个元素，它既是元器件之间的连接节点，也是元器件固定在 PCB 上的主要支撑。

焊盘的种类很多：根据焊接方式的不同，可分为通孔焊盘和表贴焊盘；根据焊盘形状特征，可分为规则焊盘和异形焊盘；另外，还有热风焊盘、隔离焊盘等。常见的焊盘类型如图 5-133 所示。

圆形通孔焊盘　　　正方形表贴焊盘　　　　　　异形焊盘　　　　　　热风焊盘

图 5-133　常见的焊盘类型

4. 焊盘设计界面介绍

执行菜单命令【Allegro】→【PCB Editor Utilities】→【Pad Designer】，弹出【Pad_Designer】对话框，如图 5-134 所示。选择【Parameters】选项卡，按图 5-134 所示进行设置。

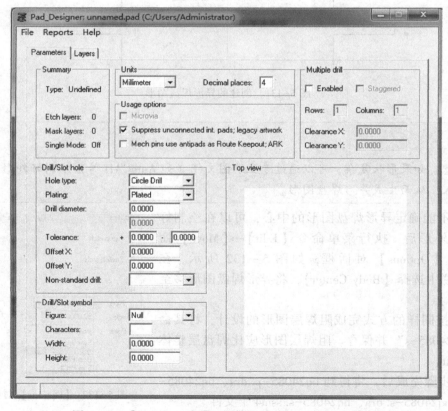

图 5-134　【Pad_Designer】对话框（【Parameters】选项卡）

☺ Units：单位，常用的是 Mils（密耳）和 Millimeter（毫米）。

☺ Hole type：钻孔形状，分为圆形通孔（Circle Drill）、椭圆形通孔（Oval Slot）和矩形通孔（Rectangle Slot）。

☺ Plating：钻孔属性，分为金属化孔（Plated）和非金属化孔（Non-Plated）。

☺ Drill diameter：孔径。对于椭圆形通孔或矩形通孔，需要填写孔径的长和宽。

☺ Tolerance：一般使用默认值。制作压接元器件（如 SFP 光模块）的通孔焊盘时，需要填写孔径公差，一般压接孔公差为±0.05mm。

☺ Drill/Slot symbol：通孔焊盘的身份标识。建立一套完整的封装库时，需要对每一种通孔焊盘的代表图形、字符、字符大小等进行规范设置，便于封装库的规范化管理。

选择【Layers】选项卡，按图 5-135 所示进行设置。

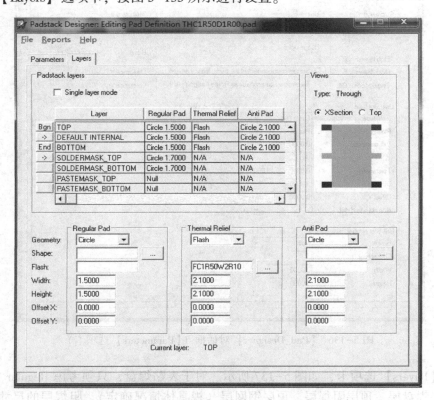

图 5-135 【Pad_Designer】对话框（【Layers】选项卡）

对于表贴焊盘，需要设置 TOP 层、SOLDERMASK_TOP 层和 PASTEMASK_TOP 层的 Regular Pad 参数。

对于通孔焊盘，需要设置的参数有 Bgn 层的 Regular Pad、Thermal Relief、Anti Pad 参数，以及 SOLDERMASK_TOP 层和 SOLDERMASK_BOTTOM 层的 Regular Pad 参数。

Regular Pad 的形状分为 6 种：圆形（Circle）、正方形（Square）、椭圆形（Oblong）、矩形（Rectangle）、八角形（Octagon）和异形（Shape）。其中，前 5 种形状的焊盘属于规则焊盘，最后一种属于不规则焊盘。

热风焊盘（Thermal Relief）类型和规则焊盘形状大部分一致。隔离焊盘（Anti Pad）也称反焊盘，其形状和通孔一致，尺寸比孔径大 30mil 即可。注意，热风焊盘和隔离焊盘仅在负片层起作用。

5. 规则形状表贴焊盘设计

本节以创建 0.4mm×1.6mm 椭圆形表贴焊盘为例，介绍规则形状表贴焊盘的设计步骤。

（1）在 Windows 操作系统中执行菜单命令【Allegro】→【PCB Editor Utilities】→【Pad Designer】，弹出【Pad_Designer】对话框，如图 5-136 所示。选择【Parameters】选项卡，会发现焊盘类型处于 Undefined 状态；在【Unit】栏中选择【Millimeter】。

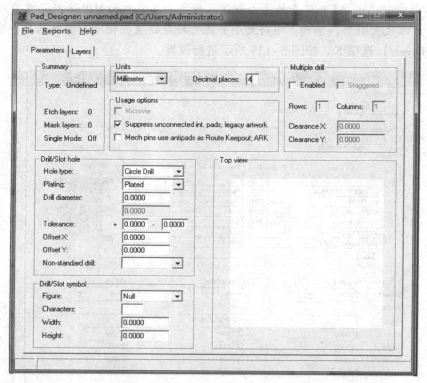

图 5-136　【Pad_Designer】对话框（【Parameters】选项卡）

选择【Layers】选项卡，如图 5-137 所示。对于表贴焊盘，只须考虑 Regular Pad 参数，仅涉及顶层焊盘层、顶层阻焊层、顶层钢网层（视具体情况确定）。阻焊层的尺寸通常比焊盘的尺寸大 0.15mm，而钢网层的尺寸通常与焊盘的尺寸相同。按图 5-137 所示设置【Layers】选项卡的参数。

（2）设置完成后，将所设计的焊盘命名为"SMDF0R40X1R60"。执行菜单命令【File】→【Save As】，将其保存到焊盘所设置路径的文件夹下即可。

6. 异形表贴焊盘设计

本节以 BQ24085 的底部焊盘为例，其封装信息图如图 5-138 所示。

由图可见，BQ24085 的焊盘属于异形焊盘，其相关参数的设置方法如下：执行菜单命令【Allegro】→【PCB Editor Utilities】→【Pad Designer】，弹出【Pad_Designer】对话框，选择【Layers】选项卡，按图 5-139 所示设置【Layers】选项卡的参数。

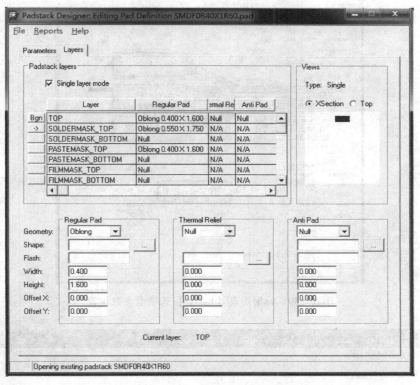

图 5-137 【Pad_Designer】对话框（【Layers】选项卡）

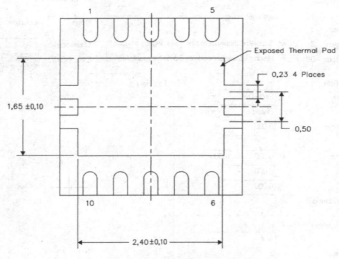

图 5-138 BQ24085 的封装信息图

7. 规则通孔焊盘设计

本节以圆形焊盘 THC1R00D0R60 为例。执行菜单命令【Allegro】→ PCB【Editor Utilities】→【Pad Designer】选项，弹出【Pad_Designer】对话框，选择【Parameters】选项卡，按图 5-140 所示进行参数设置。

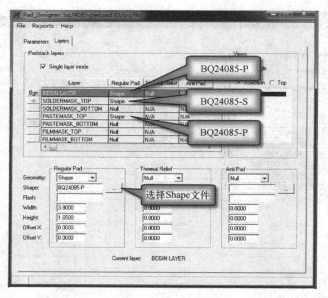

图 5-139　异形焊盘【Layers】选项卡参数设置

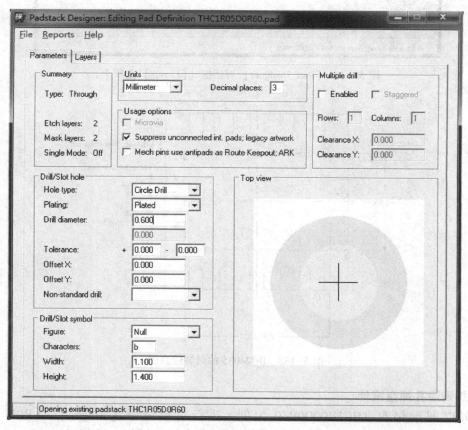

图 5-140　【Pad_Designer】对话框【Parameters】选项卡的设置

选择【Layers】选项卡，按图5-141所示设置参数。

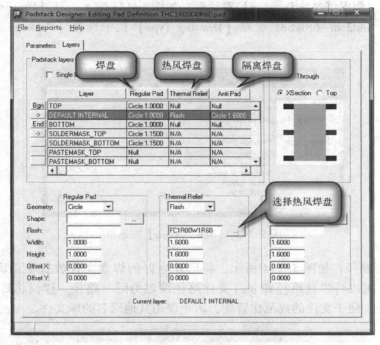

图5-141　【Pad_Designer】对话框【Layers】选项卡的设置

5.4.4　表面贴装元器件PCB封装设计实例

通常，Allegro封装库设计的流程包括如下主要步骤：调入焊盘；按照元器件数据手册给出的元器件顶视图信息摆放焊盘、丝印线框、丝印位号；根据需要设置禁布区；保存封装文件。

本节以常规的功率电感器为例，介绍表面贴装元器件PCB封装的设计方法。图5-142所示为元器件数据手册中给出的功率电感器的封装信息。

DIM	Unit in mm	MECHANICAL MEASUREMENTS
A	6.2±0.3	
B	5.9±0.3	
C	6.6±0.3	
D	3.0 (max)	
E	1.5±0.2	
F	4.6	
G	1.9	
H	2.0	
I	4.5	
J		
K		
L		
M		
N		

图5-142　元器件数据手册中给出的功率电感器的封装信息

（1）执行菜单命令【Allegro SPB 16.6】→【PCB Editor】，启动 Allegro。执行菜单命令【File】→【New】，弹出【New Drawing】对话框，如图 5-143 所示。在【Drawing Name】栏中输入封装名称"ind2sm-6r0x6r0"，在【Drawing Type】栏中选择【Package symbol】，单击【OK】按钮。

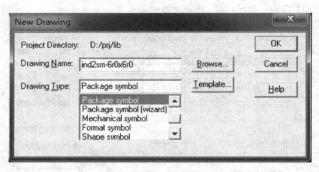

图 5-143 【New Drawing】对话框

（2）设置库路径：如图 5-144 所示，将已建立好的焊盘文件放置在正确的库路径下。对于单个项目，可以将焊盘路径和 psm 文件路径设置为同一路径。建议将焊盘路径与 psm 文件路径区分开，便于文件的规范化管理，防止误用其他同名的库文件。

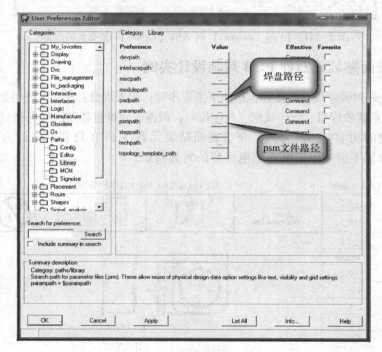

图 5-144 设置库路径

（3）设置工作环境：执行菜单命令【Setup】→【Parameters】，弹出【Design Parameter Editor】对话框，选择【Design】选项卡，按照图 5-145 所示进行设置，然后单击【OK】按钮。

112

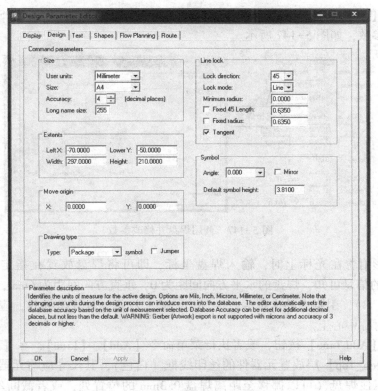

图 5-145　设置工作环境

（4）执行菜单命令【Setup】→【Grids】，弹出【Define Grid】对话框，按照图 5-146 所示设置格点参数，然后单击【OK】按钮。

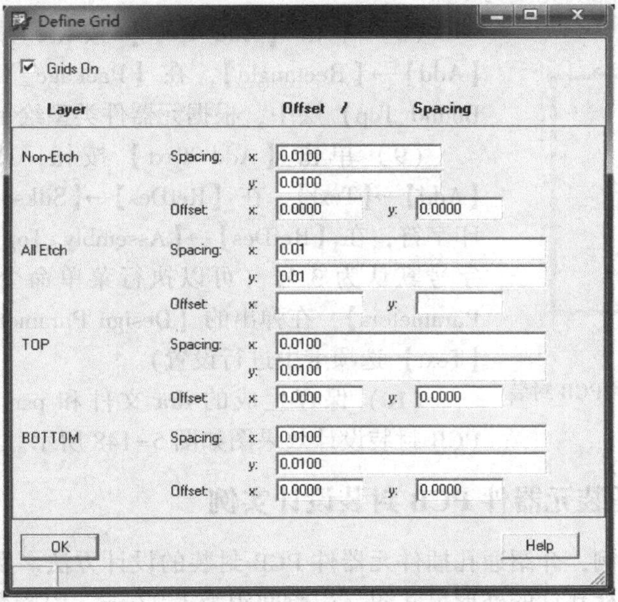

图 5-146　设置格点参数

（5）单击【Add Pin】按钮，打开【Options】窗口，调用前面制作的焊盘 SMD1R90X1R40，根据需要修改参数，如图 5-147 所示。

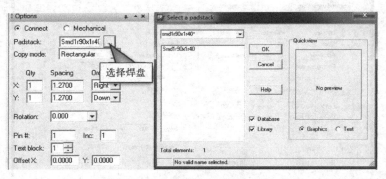

图 5-147　调用焊盘并修改参数

当焊盘图形附着在光标上时，输入焊盘坐标，即可将焊盘放置在指定的位置上。由图 5-142 给出的信息可知，焊盘的水平方向间距为 0，垂直方向间距为 6mm，因此引脚 1 的坐标为（X，0，3），引脚 2 的坐标为（X，0，-3）。注意，计算坐标时，应考虑将原点设置在元器件的对称中心上。

（6）单击【Add Line】按钮，或者执行菜单命令【Add】→【Line】，在【Package_Geometry】→【Silkscreen_Top】层放置元器件的丝印线框（白色），其尺寸应与元器件主体的尺寸一致，但不能压住焊盘（可以挪移至距离焊盘 0.3mm 的位置处，或者截断丝印线框）。通常，丝印线宽度为 0.2mm（对于较小的元器件，也可以将丝印线宽度设置为 0.15mm）。

（7）单击【Add Line】按钮，或者执行菜单命令【Add】→【Line】，在【Package_Geometry】→【Assembly_Top】层放置元器件的装配框（红色）。装配线框尺寸尽可能体现封装体的最大外围尺寸；装配线宽度为 0。

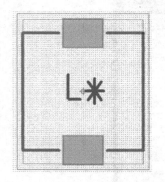

图 5-148　功率电感器 PCB 封装设计效果图

（8）单击【Add Rect】按钮，或者执行菜单命令【Add】→【Rectangle】，在【Package_Geometry】→【Place_Bound_Top】层中，根据元器件类型绘制合适的形状。

（9）单击【Add Text】按钮，或者执行菜单命令【Add】→【Text】，在【RefDes】→【Silkscreen_Top】层放置丝印字符，在【RefDes】→【Assembly_Top】层放置装配字符。字号默认为 3 号（可以执行菜单命令【Setup】→【Design Parameters】，在弹出的【Design Parameter Editor】对话框的【Text】选项卡中进行设置）。

（10）保存生成的 dra 文件和 psm 文件。功率电感器 PCB 封装设计效果图如图 5-148 所示。

5.4.5　通孔插装元器件 PCB 封装设计实例

本节以杜邦针为例，介绍通孔插件元器件 PCB 封装的设计方法。图 5-149 所示为元器件数据手册中给出的杜邦针的外形尺寸图（引脚间距为 1.27mm，引脚数为 2×13）。

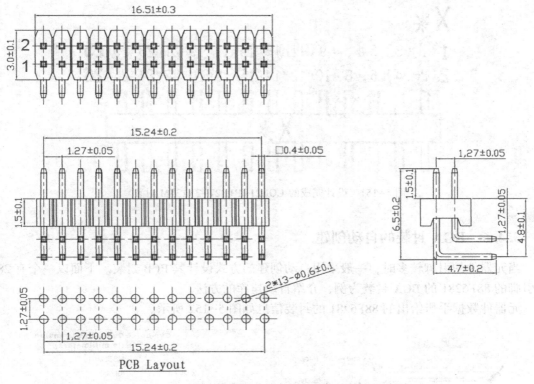

图 5-149　元器件数据手册中给出杜邦针外形尺寸图

在此，与前述创建表面贴装元器件 PCB 封装相同的操作步骤不再赘述。单击【Add Pin】按钮，打开【Options】窗口，按照图 5-150 所示设置参数（采用阵列放置方式）。

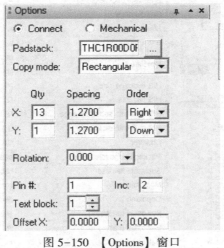

图 5-150　【Options】窗口

焊盘放置完成后，为了便于在安装、调试时快速找到相应的引脚，应添加引脚标识。一个完整的元器件 PCB 封装应包括焊盘、引脚标识、装配字符和丝印字符、装配线框和丝印线框等元素。设计完成后，将此封装命名为"CON21RP1R27-2X13TM"并保存，如图 5-151 所示。

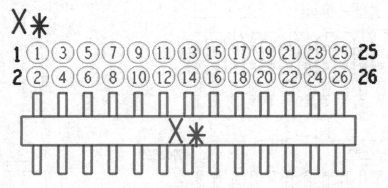

图 5-151　设计完成的 CON21RP1R27-2X13TM 封装

5.4.6　BGA 封装的自动创建

当元器件的引脚较多时，一般采用自动创建的方式设计其 PCB 封装。下面以一个有 288 个引脚的 88F6281 的 BGA 封装为例，介绍自动建库的方法。

元器件数据手册给出的 88F6281 的封装信息如图 5-152 所示。

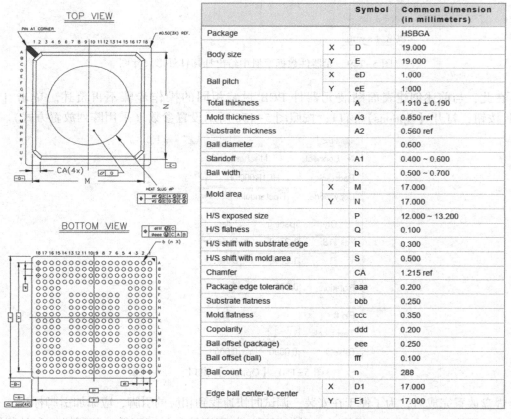

		Symbol	Common Dimension (in millimeters)
Package			HSBGA
Body size	X	D	19.000
	Y	E	19.000
Ball pitch	X	eD	1.000
	Y	eE	1.000
Total thickness		A	1.910 ± 0.190
Mold thickness		A3	0.850 ref
Substrate thickness		A2	0.560 ref
Ball diameter			0.600
Standoff		A1	0.400 ~ 0.600
Ball width		b	0.500 ~ 0.700
Mold area	X	M	17.000
	Y	N	17.000
H/S exposed size		P	12.000 ~ 13.200
H/S flatness		Q	0.100
H/S shift with substrate edge		R	0.300
H/S shift with mold area		S	0.500
Chamfer		CA	1.215 ref
Package edge tolerance		aaa	0.200
Substrate flatness		bbb	0.250
Mold flatness		ccc	0.350
Copolarity		ddd	0.200
Ball offset (package)		eee	0.250
Ball offset (ball)		fff	0.100
Ball count		n	288
Edge ball center-to-center	X	D1	17.000
	Y	E1	17.000

图 5-152　元器件数据手册给出的 88F6281 的封装信息

116

从图 5-152 中可提取如下信息：元器件外框边长为 19mm；引脚间距为 1.0mm，按照 IPC 标准，BGA 焊盘可定为 0.48mm 直径的圆形焊盘；引脚行数、列数均为 18。

（1）启动 Allegro，执行菜单命令【File】→【New】，弹出【New Drawing】对话框，如图 5-153 所示。在【Drawing Name】栏中输入封装名称"bga19x19fo288-1r0"，在【Drawing Type】栏中选择【Package symbol（wizard）】。

（2）单击【OK】按钮，弹出【Package Symbol Wizard】对话框，如图 5-154 所示。在【Package Type】区域中选中【PGA/BGA】选项。

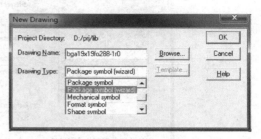

图 5-153 【New Drawing】对话框

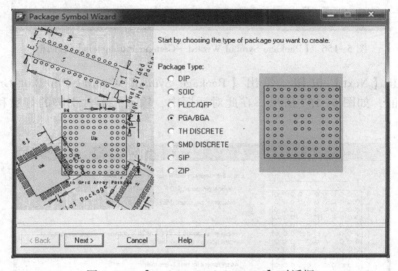

图 5-154 【Package Symbol Wizard】对话框

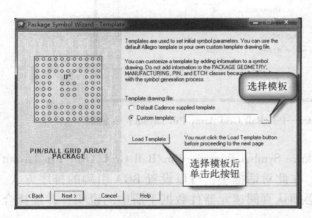

图 5-155 【Package Symbol Wizard—Template】对话框

（3）单击【OK】按钮，弹出【Package Symbol Wizard—Template】对话框，如图 5-155 所示。在此对话框中，可以通过选中【Custom template】选项来选择预先设置了字体、颜色等参数的自定义模板，也可以通过选中【Default Cadence supplied template】选项来选择系统模板。

（4）单击【Next】按钮，弹出【Package Symbol Wizard—General Parameters】对话框，如图 5-155 所示。如果选择自定义模板，封装精度就与模板的精度一致；如果选择系统模板，需要设置参数和封装代号。

117

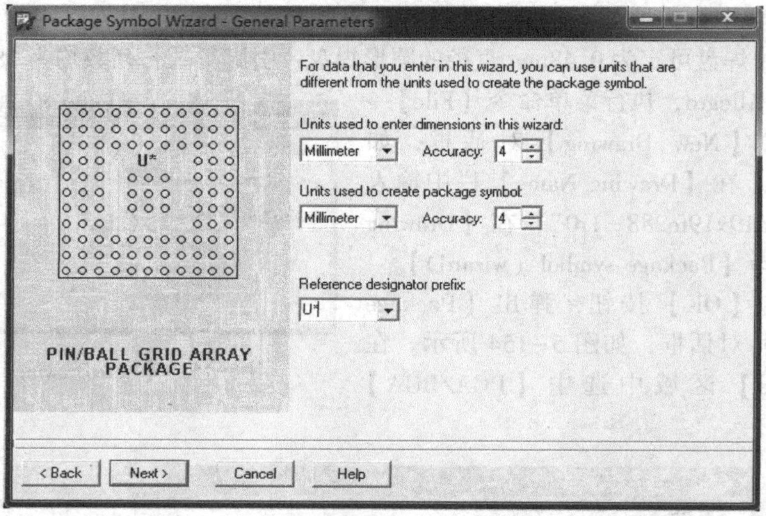

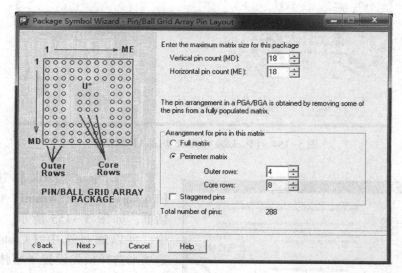

图 5-156 【Package Symbol Wizard—General Parameters】对话框

（5）单击【Next】按钮，弹出【Package Symbol Wizard—Pin/Ball Grid Array Pin Layout】对话框，如图 5-157 所示。在此对话框中，输入元器件引脚的行数和列数（本例中均为 18）。

图 5-157 【Package Symbol Wizard—Pin/Ball Grid Array Pin Layout】对话框

（6）单击【Next】按钮，弹出【Package Symbol Wizard—Pin/Ball Grid Array Pin Layout (continued)】对话框，如图 5-158 所示。在此对话框中，可以设置 BGA 引脚的排序方式。有多种排序方式可选，设计 PCB 封装时必须认真阅读元器件数据手册中的说明，并选择合适的引脚排序方式。

（7）单击【Next】按钮，弹出【Package Symbol Wizard—Pin/Ball Grid Array Parameters】对话框，如图 5-159 所示。在此对话框中，可以设置引脚间距和外形尺寸。由图 5-152 可

118

知，引脚间距为 1.0mm，外形尺寸为 19mm×19mm。

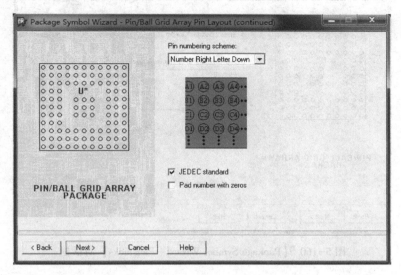

图 5-158　【Package Symbol Wizard—Pin/Ball Grid Array Pin Layout（continued）】对话框

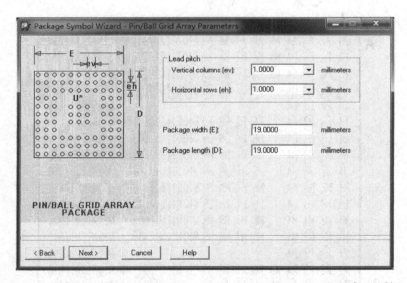

图 5-159　【Package Symbol Wizard—Pin/Ball Grid Array Parameters】对话框

（8）单击【Next】按钮，弹出【Package Symbol Wizard—Padstacks】对话框，在此选择预先设计好的圆形焊盘，如图 5-160 所示。

（9）后续的步骤选择默认选项即可，最后单击【Finish】按钮，完成 BGA 封装的创建。在此封装图上适当调整外框大小，添加 A1 引脚的标识，将设计完成的 BGA 封装保存到封装库中。设计完成的 BGA 封装效果图如图 5-161 所示。

5.4.7　机构封装的设计

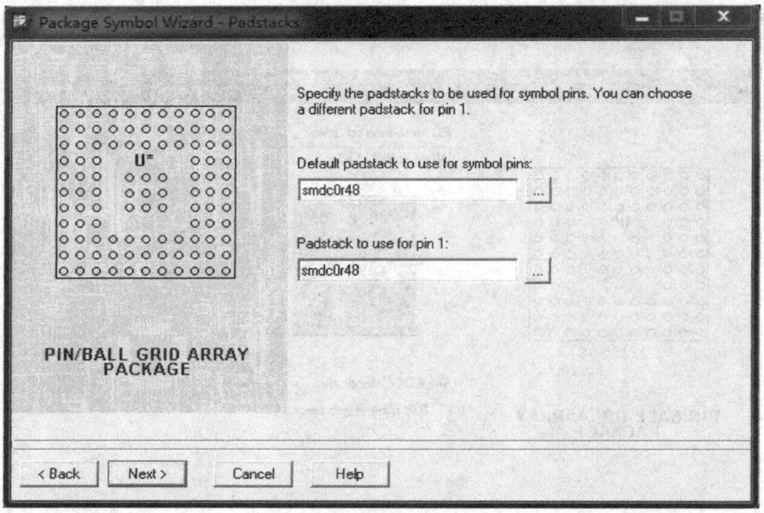

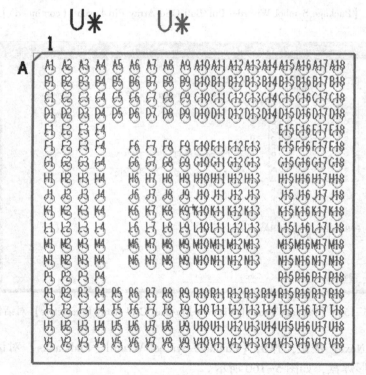

图 5-160　【Package Symbol Wizard—Padstacks】对话框

图 5-161　设计完成 BGA 封装效果图

5.4.7　机械封装创建实例

机械封装一般用于放置固定尺寸的板框和定位孔。图 5-162 所示为 PCI_3.3V_32B 短卡板结构尺寸图。本节以此为例，介绍机械封装的创建方法。

120

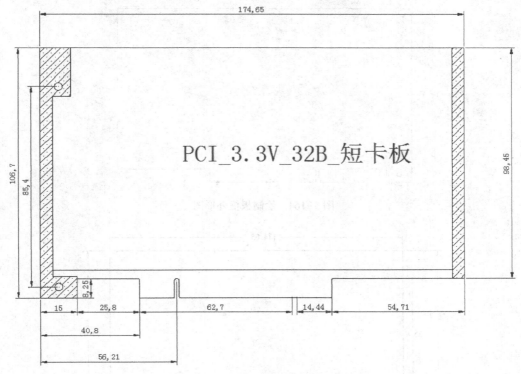

图 5-162　PCI_3.3V_32B 短卡板结构尺寸图

（1）启动 Allegro，执行菜单命令【File】→【New】，弹出【New Drawing】对话框，如图 5-163 所示。在【Drawing Name】栏中输入机械封装名称"PCI_3R3V_32B_Short"，在【Drawing Type】栏中选择【Mechanical symbol】，单击【OK】按钮。

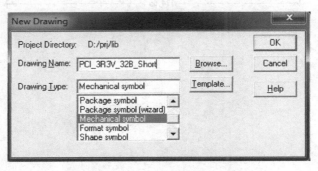

图 5-163　【New Drawing】对话框

（2）设置好设计环境后，执行菜单命令【Add】→【Line】，在【Board Geometry/Outline】层绘制板框外形图，如图 5-164 所示。

（3）输入【Add Pin】命令，或者单击【Add Pin】图标，在指定位置放置定位孔"Thc0r00d3r20"；放置禁布区；标注尺寸。最终的设计效果图如图 5-165 所示。

（4）执行菜单命令【File】→【Save】，保存生成的 dra 文件和 bsm 文件。

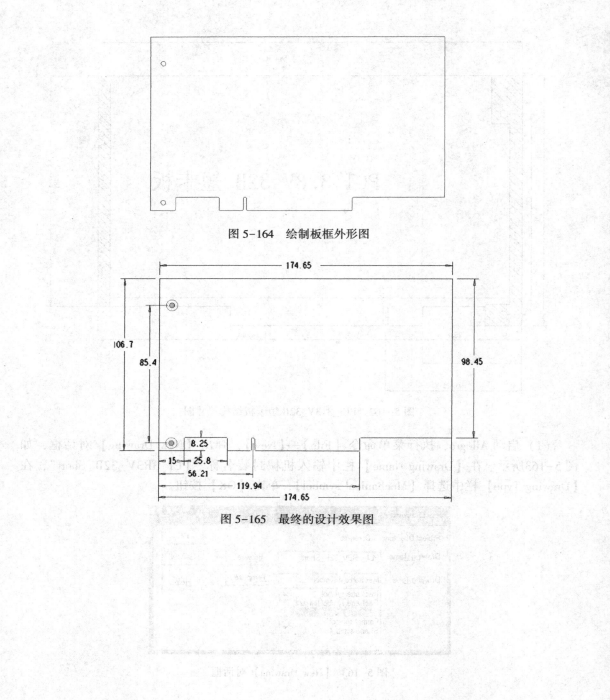

图 5-164　绘制板框外形图

图 5-165　最终的设计效果图

(4) 单击 Altium 中的命令 Place ｜ Work Space ｜ Keep-Out ｜ Track, 打开如图 5-164所示. 如图 5-165所示的 Drawing Plane [工作平面] 输入到相应 Sheet, 在用 Keep-out [避开层] 完成 Drawing Plane [绘制板框] 和 Mechanical Control [机械控制] 命令.

(5) 另外绘制线条命令, 执行菜单命令 Edit ｜ Line ｜ 执行 Board Geometry Outline [板框几何外形] 命令. 如图 5-164所示.

(6) 输入 T and Pin 所示的空间绘制 Add Pin 示所, 在图框的各尺寸绘制和 SIMC0603207, 将需要绘出板, 板框尺寸布置计算相应到图 5-165所示.

(7) 执行保存命令 File ｜ [Save], 将绘制的 Keep-out 文件 box 完成.

122

第6章 PCB 设计文件与封装库
在多平台间的转换

常见的 PCB 设计软件有 Altium Designer、Mentor PADS、Mentor Expedition、Cadence Allegro 等，每个软件都有它自身的特点。要熟练运用所有的 PCB 设计软件较为困难，最常用的需求是：熟悉一种或两种主流的 PCB 设计软件，将其他不太熟悉的 PCB 设计软件的设计文件转到熟悉的 PCB 设计软件上再进行处理。由于文件格式及数据库定义的不同，一般需要对转换后的 PCB 设计文件进行些许优化与修改，其中最耗时的就是转换后的 PCB 封装库的规范化处理。

本章将介绍几种最常用的 PCB 设计软件的 PCB 封装之间的相互转换方法与步骤，并根据实际的工程经验，讲述转换的注意事项及转换结果的优化方法。

6.1 Allegro 封装库转换成 Mentor 封装库

6.1.1 加载 SKILL 程序

（1）在 Mentor 软件安装目录文件夹（…\SDD_HOME\wg\userware\dfl）下找到软件自带的 SKILL 转换程序。dfl 文件夹中的文件如图 6-1 所示。

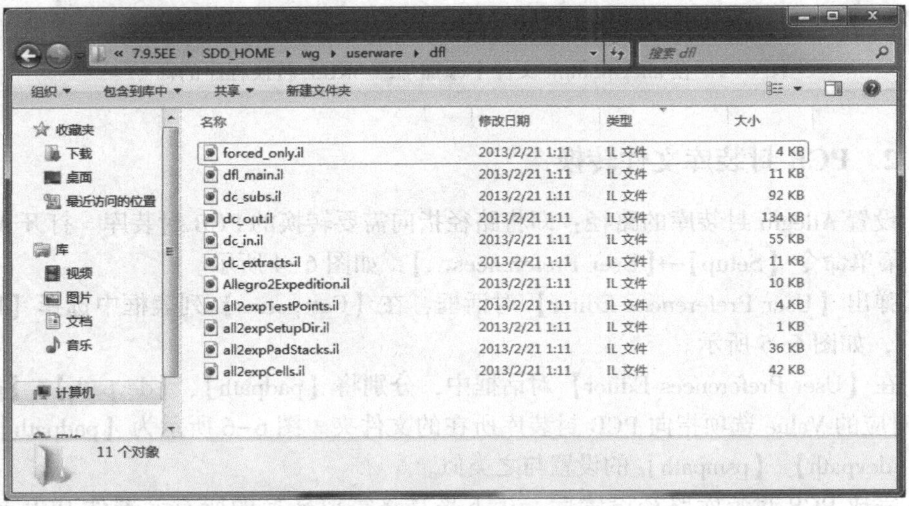

图 6-1　dfl 文件夹中的文件

将 dfl 文件夹中的所有文件复制到 Allegro 软件安装目录（… \ share \ local \ pcb \ skill）文件夹下，如图 6-2 所示。

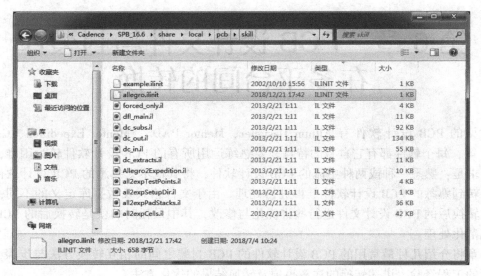

图 6-2　将 dfl 文件夹中的所有文件复制到 skill 文件夹中

（2）在 skill 文件夹中找到 allegro. ilinit 文件并打开（如果没有，就新建一个名为 allegro. ilinit 的文件），在文件中加入如下内容：load("dfl_main. il")，如图 6-3 所示。保存 allegro. ilinit 文件。

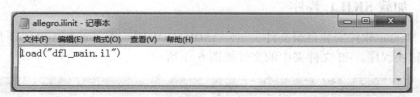

图 6-3　在 allegro. ilinit 文件中添加加载 SKILL 转换程序的命令

6.1.2　PCB 封装库文件转换

（1）设置 Allegro 封装库的路径：即将路径指向需要转换的 PCB 封装库。打开 Allegro 软件，执行菜单命令【Setup】→【User Preferences…】，如图 6-4 所示。

（2）弹出【User Preferences Editor】对话框，在【Categories】列表框中选择【Paths】→【Library】，如图 6-5 所示。

（3）在【User Preferences Editor】对话框中，分别将【padpath】、【devpath】、【psmpath】3 个属性对应的 Value 选项指向 PCB 封装库所在的文件夹。图 6-6 所示为【padpath】设置路径样例，【devpath】、【psmpath】的设置与之类似。

（4）完成 PCB 封装库路径设置后，接下来是将需要转换的所有元器件 PCB 封装放到 Allegro 的 PCB 上。在 Allegro 主界面中执行菜单命令【Place】→【Manually…】，开始手动放置元器件，如图 6-7 所示。

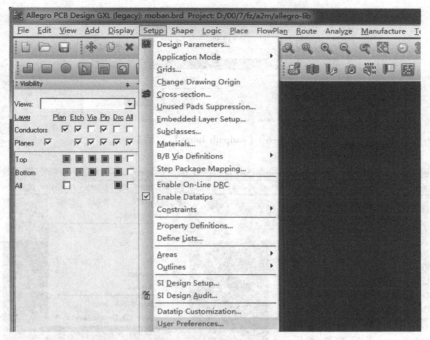

图 6-4 执行菜单命令【Setup】→【User Preferences...】

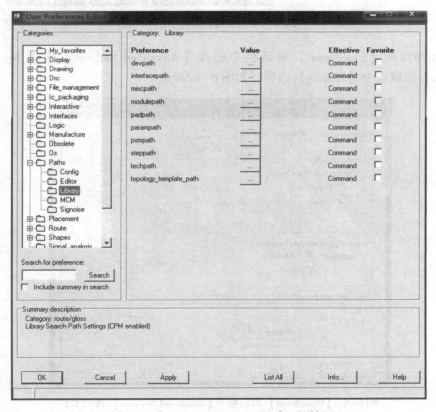

图 6-5 【User Preferences Editor】对话框

图 6-6 【padpath Items】对话框

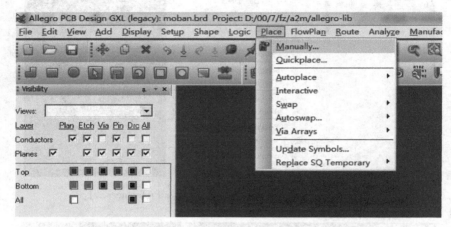

图 6-7 执行菜单命令【Place】→【Manually…】

（5）在弹出的【Placement】对话框中选择【Advanced Settings】选项卡，在【List construction】区域选中【Library】选项，如图 6-8 所示。

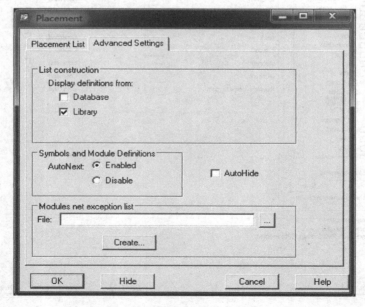

图 6-8 【Placement】对话框（【Advanced Settings】选项卡）

（6）选择【Placement List】选项卡，在下拉框中选择【Package symbols】，选中需要放置的元器件，如图 6-9 所示。

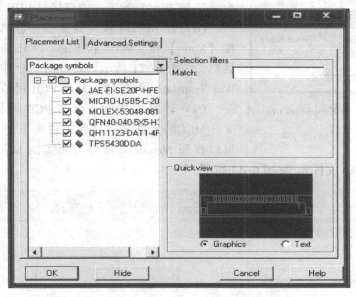

图 6-9　【Placement】对话框（【Placement List】选项卡）

（7）单击【OK】按钮，关闭【Placement】对话框。在 Allegro 主界面中，单击鼠标左键，将元器件逐个放置到 PCB 上，完成放置后的效果如图 6-10 所示。保存此 PCB 文件。

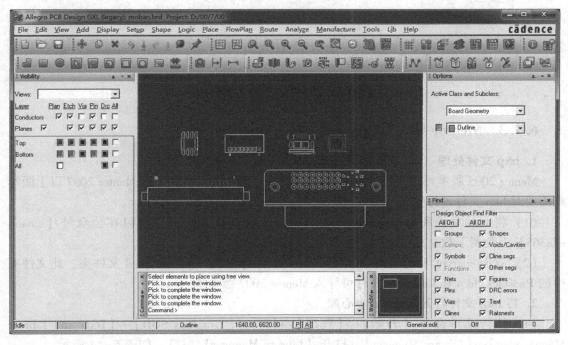

图 6-10　PCB 封装放置效果图

127

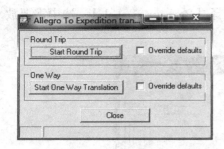

图 6-11 【Allegro To Expedition tran…】
对话框

元器件 PCB 封装放置完成后，接着就是对封装库进行转换。如果有现成的 PCB 文件，可以跳过前面逐个放置 PCB 封装的步骤，直接对 PCB 文件进行转换。

（8）在 Allegro 软件命令栏中输入【main out】并按【Enter】键，弹出【Allegro To Expedition tran…】对话框，如图 6-11 所示。在此对话框中单击【Start One Way Translation】按钮，开始 PCB 封装库的转换。

（9）转换成功后，会在 PCB 的目录下生成一个 ** _MGC的文件夹。在此文件夹下的 Work 文件夹中，可以找到 Mentor 软件导入所需的 hkp 文件（Padstack. hkp 文件和 Cell. hkp 文件），如图 6-12 所示。

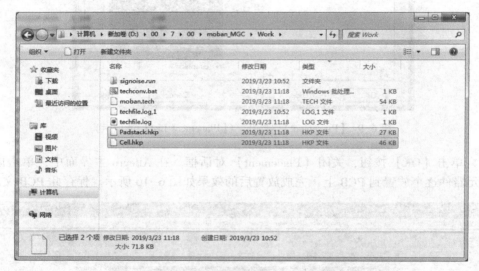

图 6-12　转换完成的封装库 hkp 文件

6.1.3　Mentor 导入封装库文件

1. hkp 文件处理

Mentor 2005 版本可以直接导入从 Allegro 转换过来的 hkp 文件，而 Mentor 2007 以上版本则需要对 hkp 文件进行处理后才可以导入。

（1）将 hkp 文件和 DataConvert. exe、encrypt. bat（这 2 个文件可以在公众号【amao_ eda365】上免费下载）复制到同一文件夹下，如图 6-13 所示。

（2）双击 encrypt. bat 文件，在当前文件夹下就会生成一个 encrypted 文件夹，此文件夹中的 Padstack. hkp 和 Cell. hkp 文件可导入 Mentor 2007 版本中。

2. 将 hkp 文件导入 Mentor 中心库

（1）执行菜单命令【开始】→【程序】→【Mentor Graphics SDD】→【Data and Library Management】→【Library Manager】，打开【Library Manager】窗口，如图 6-14 所示。

图 6-13　复制转换所需文件

图 6-14　【Library Manager】窗口

（2）执行菜单命令【File】→【New】，或者单击工具栏中的【New】图标 □，弹出【Select a new Central Library directory】对话框，如图 6-15 所示。选择要建立中心库的路径，单击【OK】按钮，即可在指定路径下新建一个中心库。

图 6-15　【Select a new Central Library directory】对话框

（3）新建一个存放 Cells 的子目录：将光标移至 Cells 处，单击鼠标右键，在弹出的菜单中选择【New Partition...】命令，如图 6-16 所示。利用弹出的【New Cell Partition】对话框创建"TEST"文件夹。

（4）如图 6-17 所示，在【Library Manager】窗口中，执行菜单命令【Tools】→【Library Services...】，打开【Library Services】对话框。

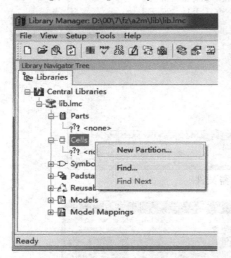 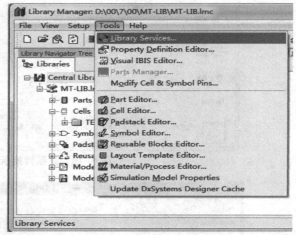

图 6-16　选择【New Partition...】命令　　图 6-17　执行菜单命令【Tools】→【Library Services】

（5）Padstacks 的导入：在弹出的【Library Services】对话框中选择【Padstacks】选项卡，在【Import from】区域选中【Padstack data file】选项，在【Import from】栏中选中已完成转换的 Padstack.hkp 文件，将所有的焊盘移到右侧的【Padstacks to import】列表框中，如图 6-18 所示。单击【Apply】按钮，完成 Padstacks 的导入。

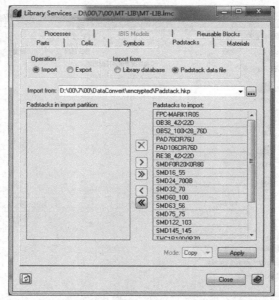

图 6-18　【Library Services】对话框（【Padstacks】选项卡）

（6）Cells 的导入：在【Library Services】对话框中选择【Cells】选项卡，在【Import from】区域选中【Cell data file】选项，在【Import from】栏中选中已完成转换的 Cell. hkp 文件，将所有的 Cells 移到右侧的【Cells to import】列表框中，如图 6-19 所示。单击【Apply】按钮，完成 Cells 的导入。

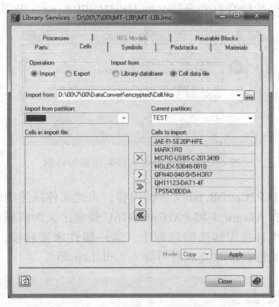

图 6-19 【Library Services】对话框（【Cells】选项卡）

至此，Allegro 封装库已成功转换成 Mentor 封装库，封装库转换完成后的效果如图 6-20 所示。

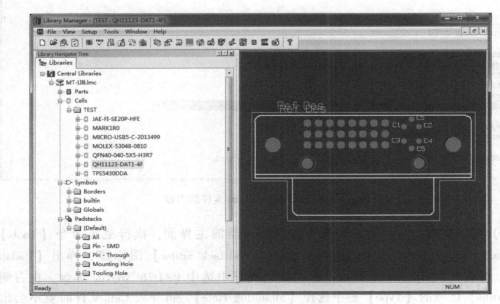

图 6-20 封装库转换完成后的效果

6.1.4 转换注意事项

（1）报错分析：在不同软件平台之间进行 PCB 封装库转换时，由于创建 PCB 封装库时存在不规范操作等原因，经常会遇到报错提示。图 6-21 所示的是导入 Cell 文件时报错的样例，应根据报错提示路径的信息打开报错文件 HKP2CellDB.txt，再根据错误提示进行修改。

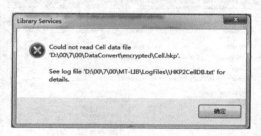

图 6-21　导入 Cell 文件时报错的样例

图 6-22 所示的是 HKP2CellDB.txt 文件的内容。由此文件描述的错误信息可知，此为焊盘属性错误，其原因是在 Allegro 中将 PAD76CIR76U 焊盘定义为机械引脚（或者是没有对应的引脚编号），但在 PCB 封装库转换的过程中，这一属性未被转换，此时需要在 Mentor 软件中手动修改这个焊盘属性，修改完成后再导入 Cell.hkp 即可。

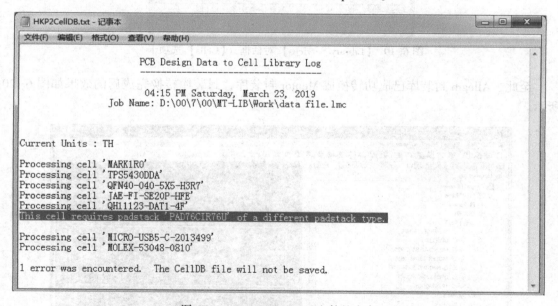

图 6-22　HKP2CellDB.txt 文件的内容

（2）报错修改：针对上述情况，在库管理器的主界面，执行菜单命令【Tools】→【Padstack Editor…】，或者单击工具栏中的【Padstack Editor】图标，弹出【Padstack Editor】对话框，如图 6-23 所示。在左侧列表框中选中 PAD76CIR76U 焊盘，在右侧的【Properties】区域的【Type】栏中选择【Mounting Hole】，再导入 Cell 文件时就不会出现报错信息了。

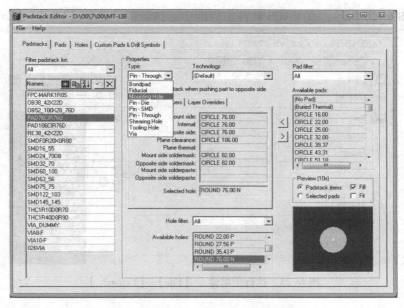

图 6-23 【Padstack Editor】对话框

6.2 PADS 封装库转换成 Allegro 封装库

6.2.1 PADS 导出 asc 文件

（1）如图 6-24 所示，用 PADS 软件打开需要转换的 PCB 封装库文件。如果只有几个元器件封装需要转换，可将这几个元器件封装放置到一个空白的 PCB 上。

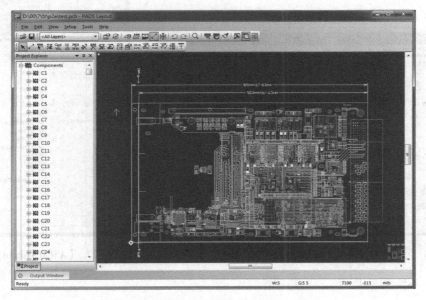

图 6-24 PADS 库待转换样例 PCB 文件

（2）如图 6-25 所示，在 PADS 软件主界面中，执行菜单命令【File】→【Export...】。

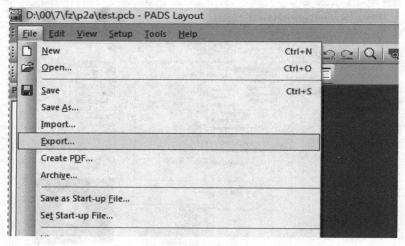

图 6-25　执行菜单命令【File】→【Export...】

（3）弹出【File Export】对话框，如图 6-26 所示。在此对话框中选择文件导出路径并修改文件名（注意，路径和文件名中均不能有中文字符），在【保存类型】栏中选择【ASCII Files（＊.asc）】，单击【保存】按钮。

（4）在弹出的【ASCII Output】对话框中，单击【Select All】按钮选中所有文件，在【Format】栏中选择【PADS Layout V2007】，在【Units】栏中选择【Basic】，在【Expand attributes】区域选中【Parts】选项和【Nets】选项，如图 6-27 所示。单击【OK】按钮，完成 asc 文件的输出。

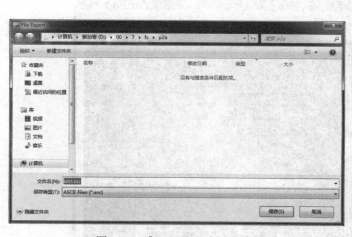

图 6-26　【File Export】对话框

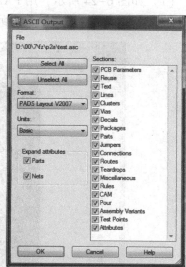

图 6-27　【ASCII Output】对话框

6.2.2 Allegro 导入 asc 文件

1. 设置封装库的路径

将路径指向 PADS 导出的 asc 文件所在的文件夹。

　　若此路径未设置，转换后的 Allegro 文件中的元器件 REF 及 NET 会丢失。

（1）打开 Allegro 软件，执行菜单命令【Setup】→【User Preferences…】，如图 6-28 所示。

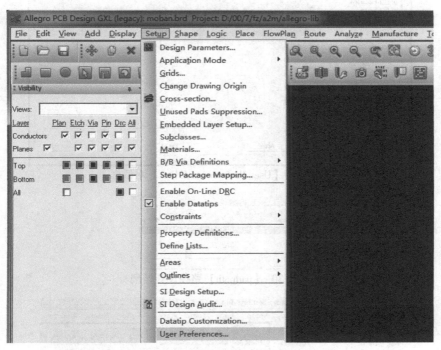

图6-28　执行菜单命令【Setup】→【User Preferences…】

（2）在弹出的【User Preferences Editor】对话框的【Categories】框中选择【Paths】→【Library】，如图 6-29 所示。

（3）分别将【devpath】、【padpath】、【psmpath】3 个属性对应的【Value】项指向存放 asc 文件的文件夹。图 6-30 所示为【padpath】路径设置样例，【devpath】、【psmpath】的设置与此类似。

2. Allegro 导入 PADS 文件

（1）在 Allegro 主界面中，执行菜单命令【Import】→【CAD Translators】→【PADS…】，如图 6-31 所示。

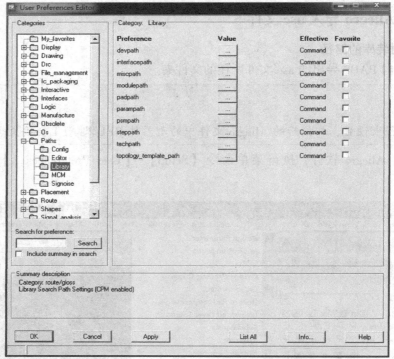

图 6-29 【User Preferences Editor】对话框

图 6-30 【padpath】路径设置样例

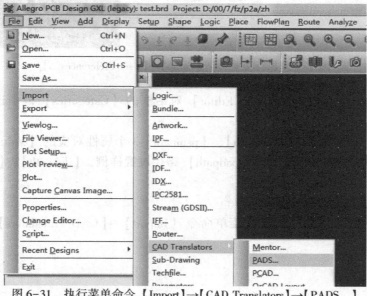

图 6-31 执行菜单命令【Import】→【CAD Translators】→【PADS...】

（2）弹出【PADS IN】对话框，如图 6-32 所示。在【PADS ASCII input file】栏中选择刚刚导出的 asc 文件，在【Options File】栏中输入文件名，在【Output Design】栏中采用默认的名称。

图 6-32 【PADS IN】对话框

（3）单击【Translate】按钮，弹出【PADS To Allegro Translation Options】对话框，如图 6-33 所示。在此可以设置 PADS 层与 Allegro 层之间的对应关系，一般采用默认设置即可；如果在 PADS 软件中有一些特殊的层设置，可以在此进行修改。

（4）单击【OK】按钮，弹出【Performing Translation（allegro）】对话框，显示转换进度，如图 6-34 所示。

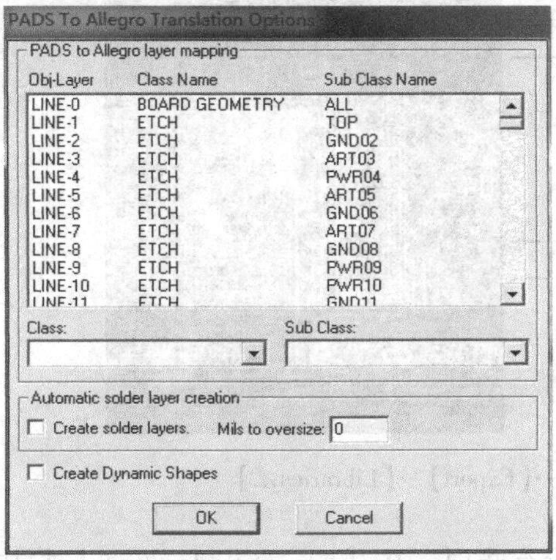

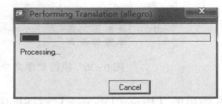

图 6-33 【PADS To Allegro Translation Options】
对话框

图 6-34 【Performing Translation（allegro）】
对话框

（5）转换结束后，会在当前文件夹下产生与 asc 文件同名的 brd 文件，用 Allegro 将其打开，即可看到如图 6-35 所示的最终转换效果。

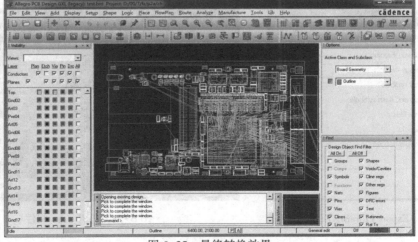

图 6-35 最终转换效果

6.2.3 封装优化

（1）从 Allegro 的 PCB 文件中导出 PCB 封装库：在 Allegro 主界面执行菜单命令【File】→【Export】→【Libraries…】，如图 6-36 所示。

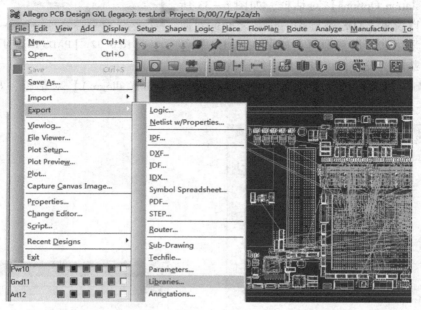

图 6-36 执行菜单命令【File】→【Export】→【Libraries…】

在弹出的【Export Libraries】对话框中选中所有选项，在【Export to directory】栏中选择输出路径，单击【Export】按钮，将封装库导入指定的路径下，如图 6-37 所示。

（2）从导出的封装库文件夹中，打开 .dra 文件，如图 6-38 所示。由于在 PADS 中设计封装时，焊盘中无钢网与阻焊层（后期产生 Gerber 时给自动加上），但在 Allegro 的焊盘中必须有钢网与阻焊层，所以需要修改焊盘。

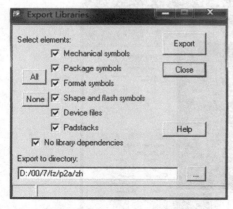

图 6-37 【Export Libraries】对话框

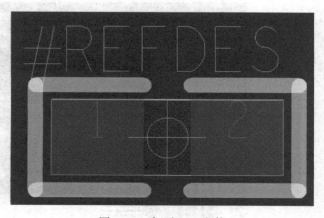

图 6-38 打开 .dra 文件

138

在 Allegro 主界面中执行菜单命令【Tools】→【Padstack】→【Modify Design Padstack...】，如图 6-39 所示。

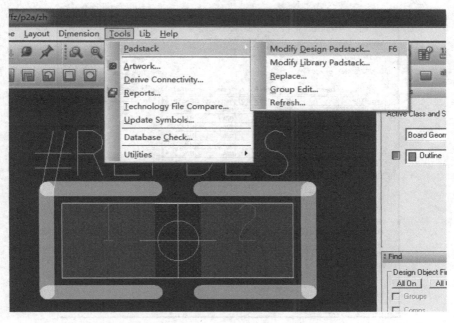

图 6-39　执行菜单命令【Tools】→【Padstack】→【Modify Design Padstack...】

如图 6-40 所示，选中要修改的焊盘，单击鼠标右键，在弹出的菜单中选择【Edit】命令，或者单击右侧【Options】窗口中的【Edit...】按钮。

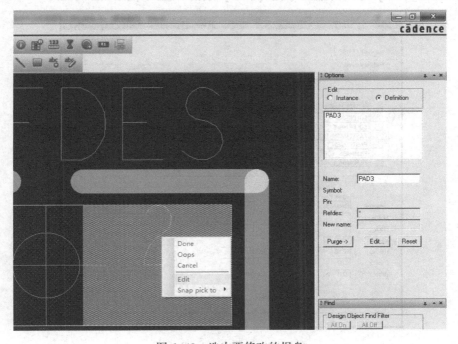

图 6-40　选中要修改的焊盘

弹出【Padstack Designer】对话框,如图 6-41 所示。在此,需要对【Layers】选项卡中的【Top】层、【SOLDERMASK_TOP】层和【PASTEMASK_TOP】层的 Regular Pad 值进行设置。

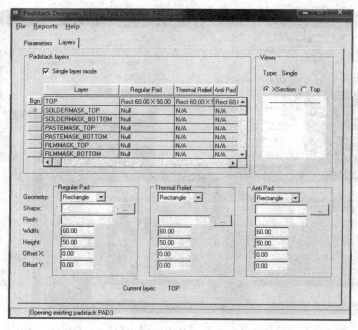

图 6-41 【Padstack Designer】对话框

按照图 6-42 所示进行设置:【PASTEMASK_TOP】层的焊盘与【TOP】层的焊盘等大,【SOLDERMASK_TOP】层的焊盘尺寸比【TOP】层的焊盘尺寸大 6mil×6mil。

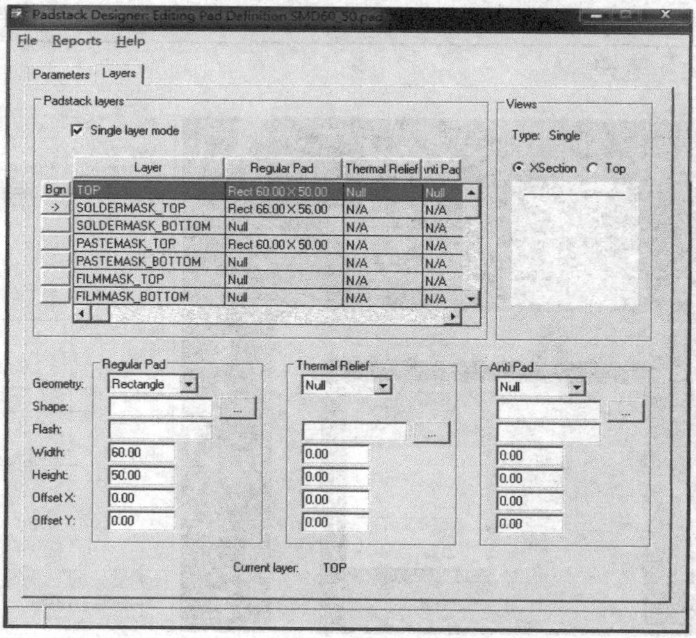

图 6-42 设置 Regular Pad 值

由于转换过来的焊盘名称是 PAD1、PAD2 等，不便于识别，所以修改完成后将焊盘名保存为 "SMD60_50"。执行菜单命令【Tools】→【Padstack】→【Replace…】，如图 6-43 所示。

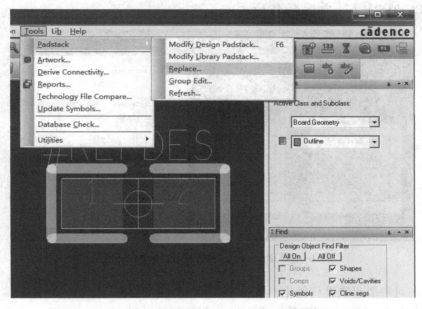

图 6-43　执行菜单命令【Tools】→【Padstack】→【Replace…】

在右侧【Options】窗口的【Old】栏中选择要被替换的焊盘（或者用鼠标左键直接单击选中焊盘），在【New】栏中选择修改后重新保存的焊盘，如图 6-44 所示。单击【Replace】按钮，完成替换。

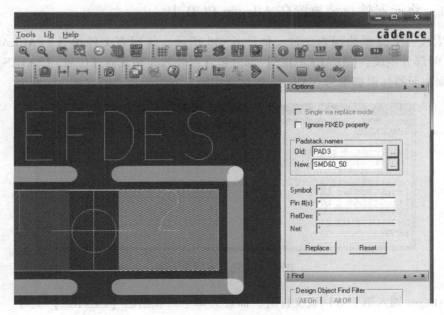

图 6-44　替换焊盘

（3）从 PADS 转换过来的封装【REFDES】字符在【ASSEMBLY_TOP】层，但设计 PCB 时一般还需要用到【SILKSCREEN_TOP】层，因此在进行封装优化时，还要增加一个【SILKSCREEN_TOP】层，如图 6-45 所示。

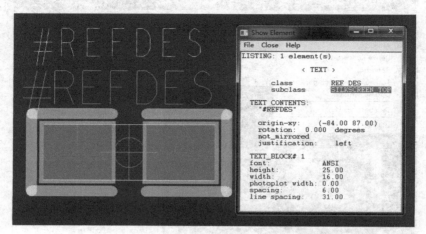

图 6-45　增加一个【SILKSCREEN_TOP】层

（4）逐一对每个封装进行优化，并与原来的 PADS 封装进行比对。

至此，完成了 PADS 封装库转换成 Allegro 封装库的过程。

6.3　Allegro 封装库转换成 Altium Designer 封装库

6.3.1　将元器件封装放置在 Allegro PCB 上

（1）生成一个简单的网表文件，如图 6-46 所示。该网表文件由【$PACKAGES】和【$NETS】两部分组成，【$PACKAGES】部分包含封装名称和元器件位号，【$NETS】部分包含网络名称和元器件引脚编号。Allegro 通过调用第三方网表文件的方式导入网表。

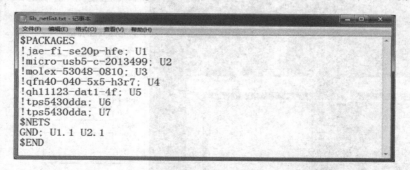

图 6-46　第三方网表文件

（2）Allegro 调入第三方网表文件时，需要为每个封装创建【DEVICE】文件。创建过程为：打开 Allegro 封装文件，执行菜单命令【File】→【Create Device...】，如图 6-47 所示。

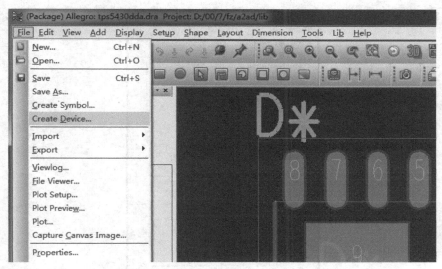

图 6-47 执行菜单命令【File】→【Create Device...】

（3）弹出【Create Device File】对话框，如图 6-48 所示。

（4）单击【OK】按钮，新建一个空白 PCB，将 PCB 封装库路径指向需要转换的目录。执行菜单命令【Import】→【Logic...】，如图 6-49 所示。

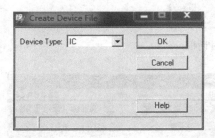

图 6-48 【Create Device File】对话框

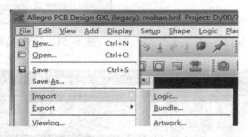

图 6-49 执行菜单命令【Import】→【Logic...】

（5）弹出【Import Logic】对话框，如图 6-50 所示。选择【Other】选项卡，在【Import netlist】栏中选择网表文件，选中【Supersede all logical data】、【Append device file log】、【Ignore FIXED property】、【Always】选项，单击【Import Other】按钮导入网表。

（6）成功导入网表后，需将元器件放置在 PCB 上。执行菜单命令【Place】→【Quickplace...】，弹出【Quickplace】对话框，如图 6-51 所示。单击【Place】按钮，将所有元器件放置到 PCB 上。

（7）放置元器件后的效果如图 6-52 所示。保存 PCB 文件。

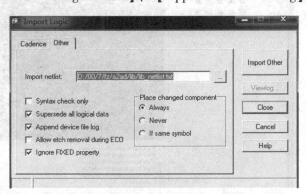

图 6-50 【Import Logic】对话框

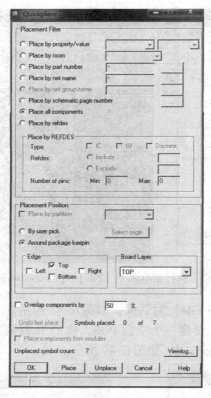

图 6-51 【Quickplace】对话框

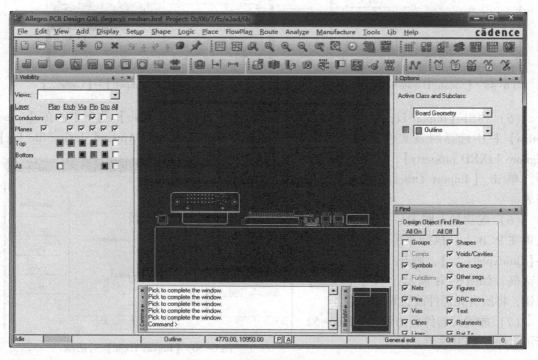

图 6-52 放置元器件后的效果

6.3.2　Altium Designer 导入 Allegro PCB 文件

（1）打开 Altium Designer，执行菜单命令【File】→【Import Wizard】，如图 6-53 所示。

（2）弹出【Import Wizard】对话框，如图 6-54 所示。

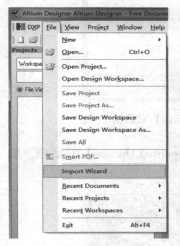

图 6-53　执行菜单命令　　　　　　　图 6-54　【Import Wizard】对话框
【File】→【Import Wizard】

（3）单击【Next>】按钮，弹出【Import Wizard—Select Type of Files to Import】对话框，如图 6-55 所示。在【Files Types】列中选择【Allegro Design Files】。

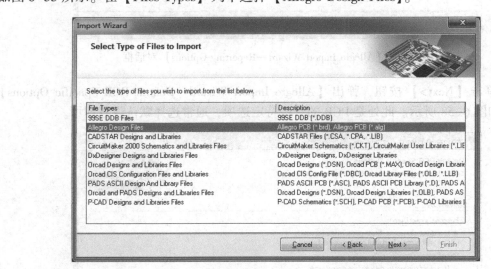

图 6-55　【Import Wizard—Select Type of Files to Import】对话框

（4）单击【Next>】按钮，弹出【Allegro Import Wizard—Importing Allegro Designs】对话框，如图 6-56 所示。单击【Add】按钮，选择需要转换的 Allegro 的 PCB 文件。

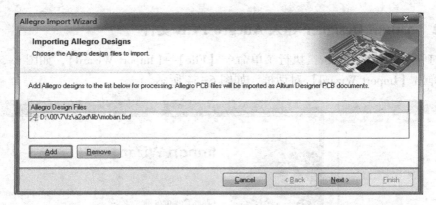

图 6-56 【Allegro Import Wizard—Importing Allegro Designs】对话框

（5）单击【Next>】按钮，弹出【Allegro Import Wizard—Reporting Options】对话框，如图 6-57 所示。在此选择默认设置即可。

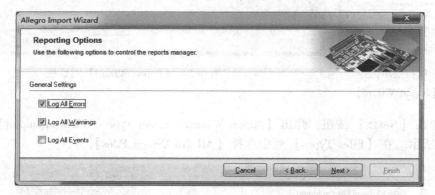

图 6-57 【Allegro Import Wizard—Reporting Options】对话框

（6）单击【Next>】按钮，弹出【Allegro Import Wizard—Default PCB Specific Options】对话框，如图 6-58 所示。此处是 PCB 的一些特定选项，通常选择默认设置即可。

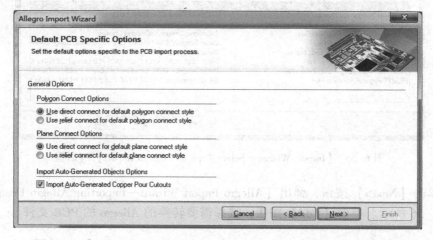

图 6-58 【Allegro Import Wizard—Default PCB Specific Options】对话框

（7）单击【Next>】按钮，弹出【Allegro Import Wizard—Current PCB Layer Mappings】对话框，如图6-59所示。在此可以设置Allegro与Altium Designer之间的层对应关系，如果在Allegro中有一些特殊的层设置，可以在此进行对应修改；通常选择默认设置即可。

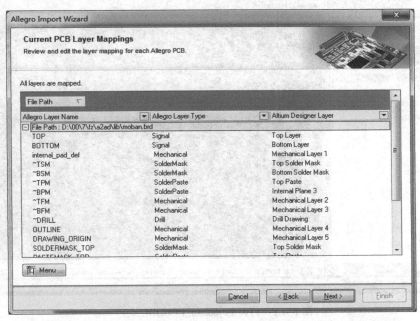

图6-59 【Allegro Import Wizard—Current PCB Layer Mappings】对话框

（8）单击【Next>】按钮，弹出【Allegro Import Wizard—Current PCB Options】对话框，如图6-60所示。在此可以选择输出的路径，通常选择默认设置即可。

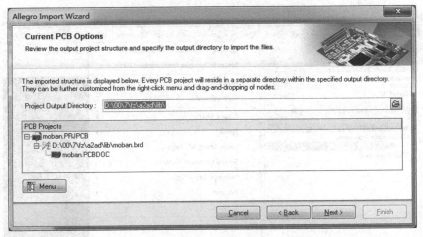

图6-60 【Allegro Import Wizard—Current PCB Options】对话框

（9）单击【Next>】按钮，开始PCB转换。转换完成后，生成一个工程文件（.PCBDOC文件）。打开的moban.PCBDOC文件如图6-61所示。

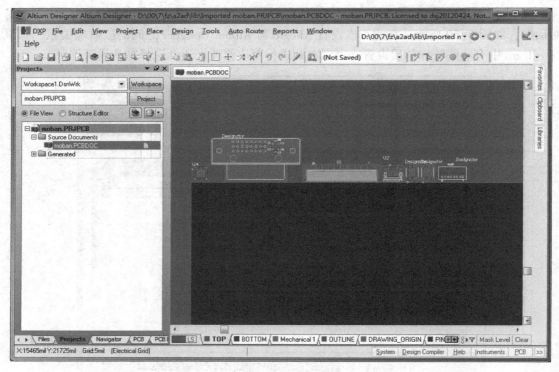

图 6-61　打开的 moban. PCBDOC 文件

6.3.3　封装优化

（1）打开 . PCBDOC 文件后，执行菜单命令【Design】→【Make PCB Library】，如图 6-62 所示。生成一个库文件。

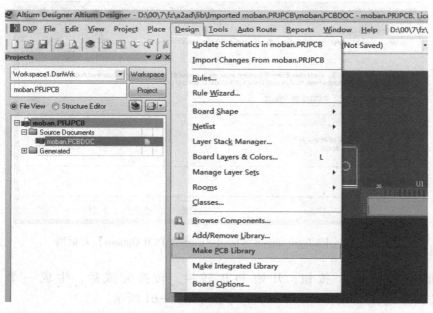

图 6-62　执行菜单命令【Design】→【Make PCB Library】

（2）Altium Designer 自动将 PCB 上的所有封装集成到一个 .PcbLib 文件中。在这个文件中，对每一个元器件封装进行编辑，如图 6-63 所示。

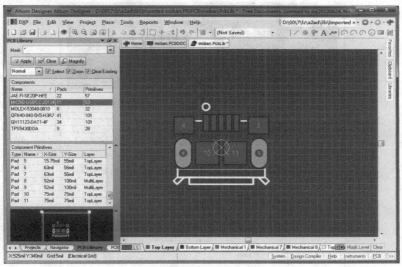

图 6-63　Altium Designer 中的 PCB 封装库文件

编辑元器件的 PCB 封装时，应与 Allegro 中的原封装进行比对，并要注意如下事项。

☺ 非金属化孔的属性需要修改：从 Allegro 转换到 Altium Designer 时，孔的属性会变为金属化孔，如图 6-64 所示。应取消【Plated】选项的选中状态。

图 6-64　非金属化孔属性的修改

☺ Allegro 中的椭圆形孔转换到 Altium Designer 中会变成圆形孔，如图 6-65 所示。需要手动将其修改成椭圆形孔。

图 6-65　椭圆形孔的修改

☺ Allegro 中的不规则形状的焊盘，转换到 Altium Designer 中会变形，需要重新修改。
☺ 在 Allegro 中绘制的禁布区域，转换到 Altium Designer 中后，需要检查转换是否正确。

6.4　Altium Designer 封装库转换成 PADS 封装库

6.4.1　Altium Designer PCB 放置封装元器件

（1）打开 Altium Designer PCB 封装库文件。如图 6-66 所示，执行菜单命令【File】→【New】→【PCB】，新建一个空白的 PCB 文件。

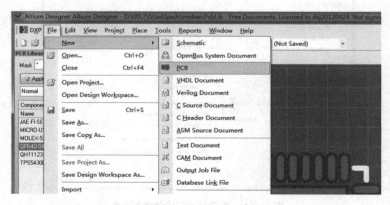

图 6-66　执行菜单命令【File】→【New】→【PCB】

150

（2）在库编辑界面，在左侧框中选择需要转换到 PADS 中的 PCB 封装，单击鼠标右键，在弹出的菜单中选择【Place…】命令，如图 6-67 所示。

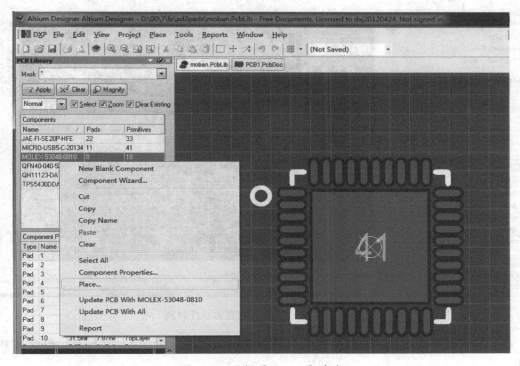

图 6-67　选择【Place…】命令

（3）系统弹出【Place Component】对话框，如图 6-68 所示。

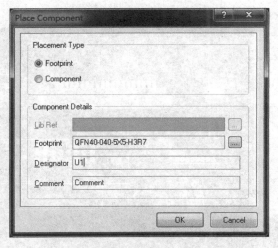

图 6-68　【Place Component】对话框

（4）单击【OK】按钮，选中的元器件封装图形会随着光标的移动而移动。将光标移至指定位置，单击鼠标左键，放置元器件封装，如图 6-69 所示。

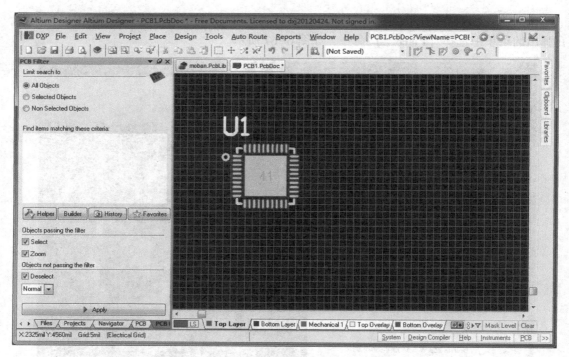

图 6-69　在指定位置放置元器件封装

（5）依次将需要转换的元器件封装全部放置到 PCB 上，如图 6-70 所示。保存该 PCB 文件。

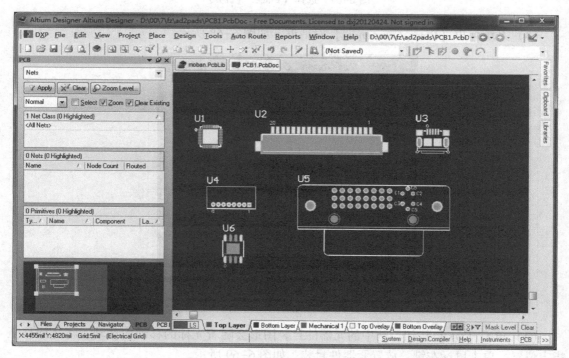

图 6-70　完成元器件封装放置的 PCB

6.4.2　PADS 导入 Altium Designer PCB 文件

（1）打开 PADS，执行菜单命令【File】→【Import...】，如图 6-71 所示。

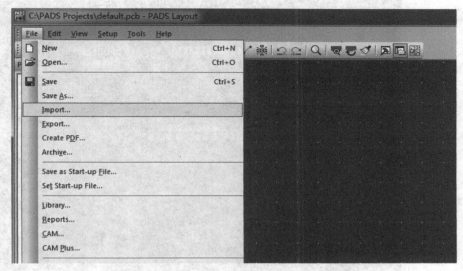

图 6-71　执行菜单命令【File】→【Import...】

（2）弹出【File Import】对话框，如图 6-72 所示。选中刚刚保存的 Altium Designer PCB 文件，单击【打开】按钮。

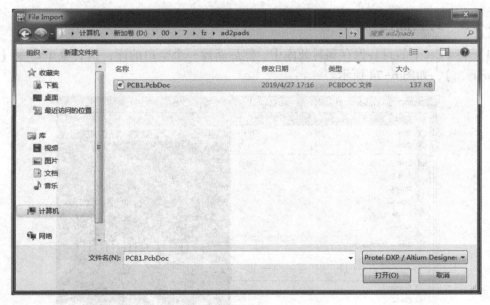

图 6-72　【File Import】对话框

（3）成功导入 PADS 的 PCB 文件如图 6-73 所示。

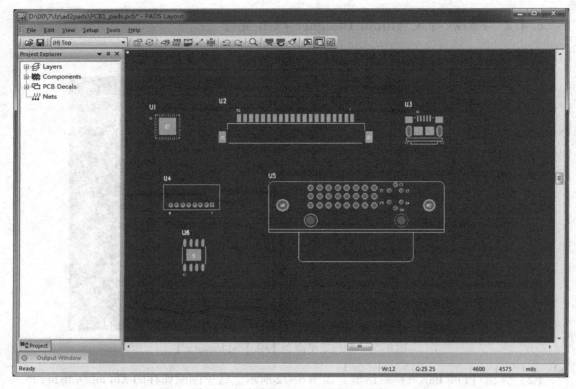

图 6-73　成功导入 PADS 的 PCB 文件

6.4.3　封装优化

（1）将 PCB 上的封装保存到封装库中，然后新建一个空白的库，执行菜单命令【File】
→【Library...】，如图 6-74 所示。

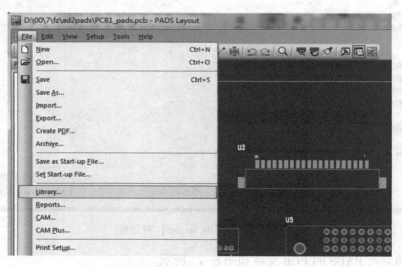

图 6-74　执行菜单命令【File】→【Library...】

154

（2）弹出【Library Manager】对话框，如图 6-75 所示。

图 6-75 【Library Manager】对话框

（3）单击【Create New Lib…】按钮，弹出【New Library】对话框，如图 6-76 所示。选择要保存的路径与 PCB 封装库文件名，单击【保存】按钮。

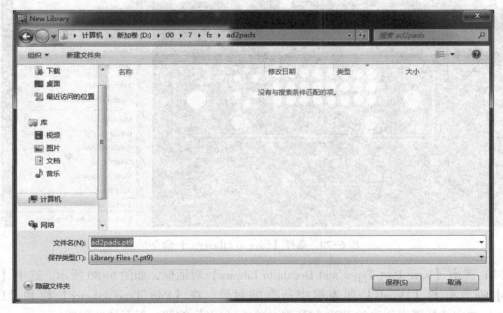

图 6-76 【New Library】对话框

（4）在【Library Manager】对话框中单击【Manager Lib. List...】按钮，弹出【Library List】对话框，如图 6-77 所示。在此可以看到刚刚创建的 PCB 封装库，单击【OK】按钮，关闭【Library List】对话框。

（5）单击【Close】按钮，关闭【Library Manager】对话框，返回 PADS 主界面。单击鼠标右键，在弹出的菜单中选择【Select Components】命令，如图 6-78 所示。

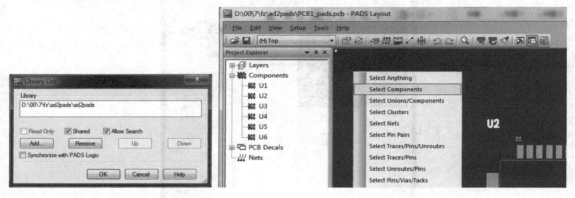

图 6-77　【Library List】对话框　　　　图 6-78　选择【Select Components】命令

（6）框选 PCB 上所有的元器件，单击鼠标右键，在弹出的菜单中选择【Save to Library...】命令，如图 6-79 所示。

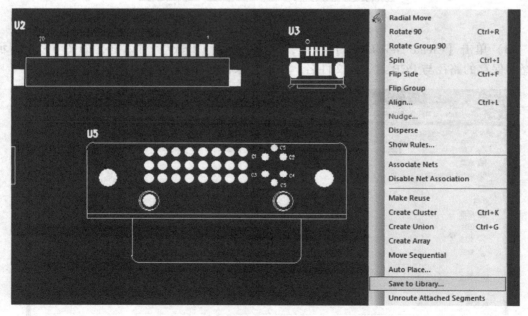

图 6-79　选择【Save to Library...】命令

（7）弹出【Save Part Types and Decals to Library】对话框，如图 6-80 所示。选中【Part Types】列表框和【Decals】列表框中所有的封装，在【Part Type Library】栏和【Decal Library】栏中选择刚刚创建的 PCB 封装库，单击【OK】按钮，保存这些封装。

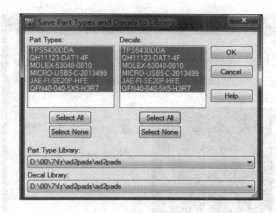

图 6-80 【Save Part Types and Decals to Library】对话框

（8）在 PADS 主界面执行菜单命令【File】→【Library...】，如图 6-81 所示。

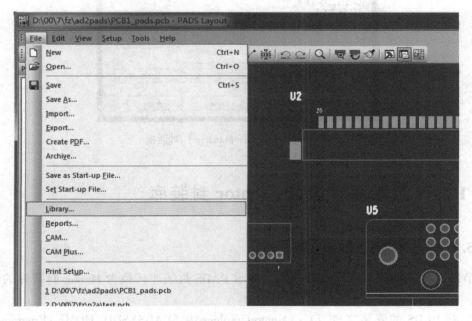

图 6-81 执行菜单命令【File】→【Library...】

（9）弹出【Library Manager】对话框，如图 6-82 所示。在此可以看到之前保存的封装。在【PCB Decals】列表框中选择需要修改的封装，单击【Edit...】按钮对其进行编辑。

通常，Altium Designer 中的 PCB 封装可以比较完整地转换到 PADS 中，但当 Altium Designer 封装中有铺铜时，转换时会丢失，需要在 PADS 中重新绘制。

图 6-82 【Library Manager】对话框

6.5 PADS 封装库转换成 Mentor 封装库

6.5.1 PADS 导出 hkp 文件

本节以一个完整的 PADS PCB 为例,演示 PADS 封装库转换为 Mentor 封装库的步骤及过程。

(1) 在 PADS 的安装文件 (C:\MentorGraphics\9.5PADS\SDD_HOME\Programs) 里,找到软件自带的转换程序 ppcb2hkp. exe,如图 6-83 所示。双击启动此转换程序。

(2) 弹出【Translator startup…】对话框,如图 6-84 所示。在【Select the source design format to translate】栏中选择【PADS Layout Designs and Libraries】,单击【OK】按钮。

(3) 弹出【PADS Layout Designs and Libraries Translator】对话框,如图 6-85 所示。选择【Designs】选项卡 (若转换 PADS 的 lib 文件,应选择【Libraries】选项卡),在【Place translated】栏中选择转换输出的路径;单击【Add】按钮,选择需要转换的 PADS PCB 文件;单击【Translate】按钮,开始转换。

(4) 转换完成后,弹出【Translation Results】对话框,如图 6-86 所示。在此可以查看转换过程中的报错与警告信息。

158

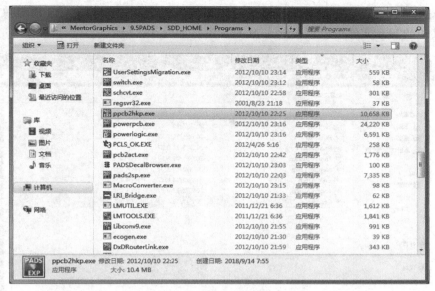

图 6-83　找到 ppcb2hkp. exe

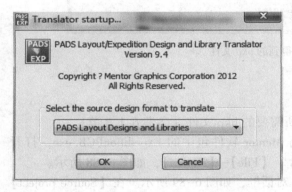

图 6-84　【Translator startup…】对话框

图 6-85　【PADS Layout Designs and Libraries Translator】对话框

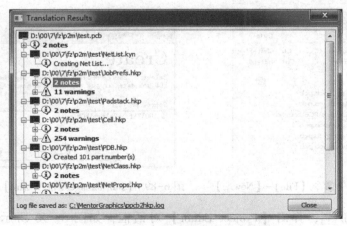

图 6-86　【Translation Results】对话框

（5）关闭转换程序，可以看到在输出路径目录下生成了一个与 PADS PCB 文件同名的文件夹，其中的 hkp 文件可以直接导入 Mentor 中，如图 6-87 所示。

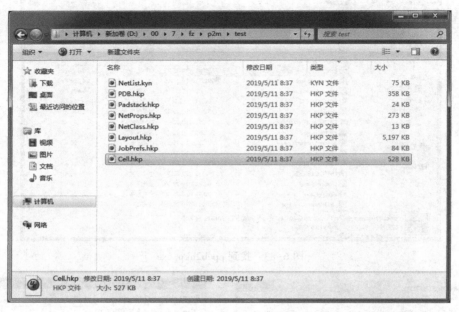

图 6-87　转换得到的 hkp 文件

6.5.2　Mentor 导入 hkp 文件

（1）新建一个 Mentor 中心库，导入封装所需要的 hkp 文件（参考 6.1.3 节）。

（2）新建一个 Mentor 的 PCB 文件：运行 Mentor 软件包中的 ExpeditionPCB. exe，打开【Expedition PCB-Pinnacle】窗口，执行菜单命令【File】→【New…】，如图 6-88 所示。

（3）系统弹出【Job Management Wizard】对话框，如图 6-89 所示。在【Source project】栏中选择文件路径和文件名。

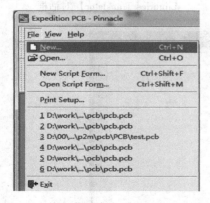

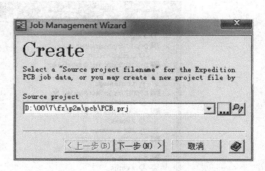

图 6-88　执行菜单命令【File】→【New…】　　图 6-89　【Job Management Wizard】对话框（一）

（4）单击按钮，弹出【Project Editor】对话框，如图 6-90 所示。选择【Central Library】选项卡，在【Central Library】栏中选择步骤（1）中创建好的中心库。

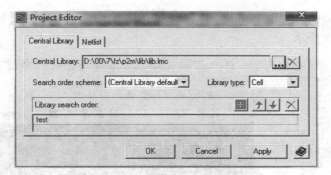

图 6-90 【Project Editor】对话框（【Central Library】选项卡）

（5）选择【Netlist】选项卡，在【Location】栏中选择已转换的 NetList. kyn 文件，如图 6-91 所示。单击【OK】按钮，关闭【Project Editor】对话框。

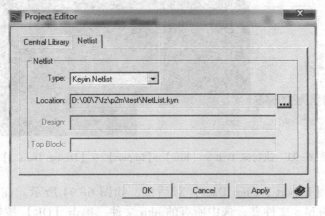

图 6-91 【Project Editor】对话框（【Netlist】选项卡）

（6）在【Job Management Wizard】对话框中单击【下一步】按钮，然后单击【完成】按钮，完成 PCB 文件的创建，如图 6-92 所示。

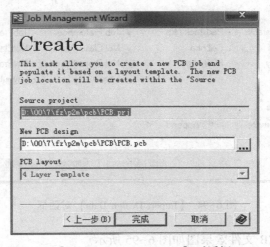

图 6-92 【Job Management Wizard】对话框（二）

161

（7）在【Expedition PCB-Pinnacle】窗口执行菜单命令【File】→【Import】→【Design Data...】，如图 6-93 所示。

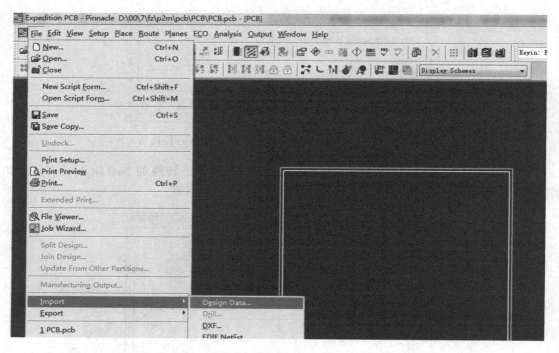

图 6-93　执行菜单命令【File】→【Import】→【Design Data...】

（8）系统弹出【Import Design Data】对话框，如图 6-94 所示。在【Source directory】栏中选择完成转换的 hkp 文件夹，选中所有的 hkp 文件，单击【OK】按钮。

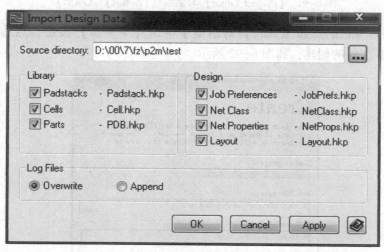

图 6-94　【Import Design Data】对话框

（9）成功导入的 PCB 文件效果图如图 6-95 所示。

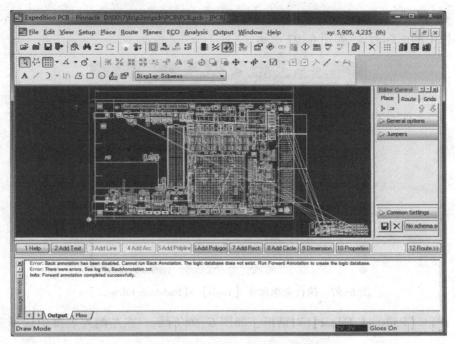

图 6-95　成功导入的 PCB 文件效果图

6.5.3　封装优化

由于 PADS 与 Mentor 软件之间的差异，需要逐一对每个封装进行对比和优化，以免丢失信息。Mentor 需要对每一个焊盘添加钢网与阻焊层，其操作步骤如下所述。

（1）如图 6-96 所示，在【Cell Editor】窗口中可以看到，转换过来的焊盘只有 TOP 层，没有钢网与阻焊层。

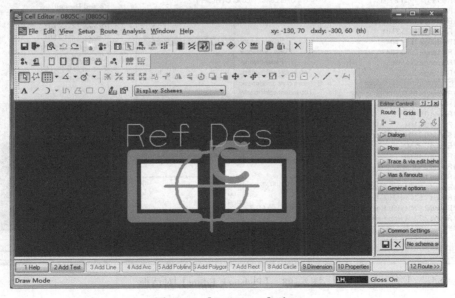

图 6-96　【Cell Editor】窗口

（2）在【Library Manager】窗口中，执行菜单命令【Tools】→【Padstack Editor…】，或者单击工具栏中的图标 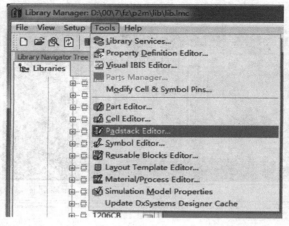，如图 6-97 所示。

图 6-97　执行菜单命令【Tools】→【Padstack Editor…】

（3）弹出【Padstack Editor】对话框，如图 6-98 所示。在左侧列表框中选择需要修改的焊盘。

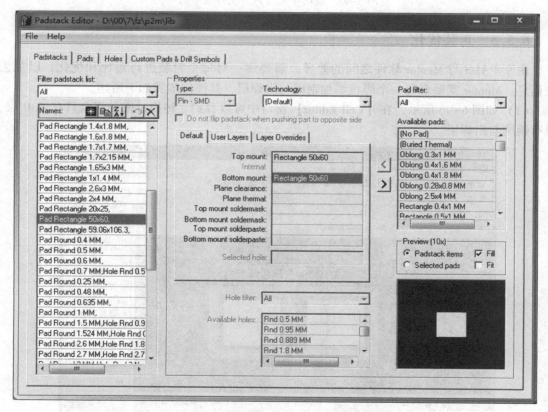

图 6-98　【Padstack Editor】对话框

（4）添加钢网与阻焊层（钢网与焊盘等大，阻焊层在焊盘的基础上加 6mil），如图 6-99 所示。

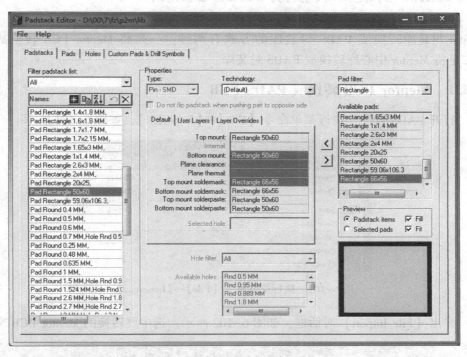

图 6-99　添加钢网与阻焊层

（5）修改后的 PCB 封装效果如图 6-100 所示。

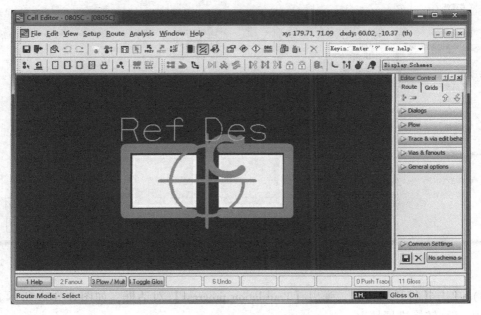

图 6-100　修改后的 PCB 封装效果

6.6 Mentor 封装库转换成 PADS 封装库

Mentor 封装库转换成 PADS 封装库的方式有两种：一是将 Mentor PCB 转换成 PADS PCB，二是将 Mentor 中心库转换成 PADS 封装库。

6.6.1 Mentor PCB 转换成 PADS PCB

（1）打开 PADS 软件，执行菜单命令【File】→【Import…】，如图 6-101 所示。

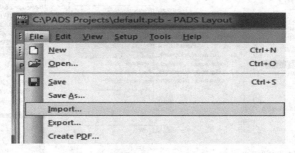

图 6-101 执行菜单命令【File】→【Import…】

（2）弹出【File Import】对话框，如图 6-102 所示。选中要转换的 Mentor PCB 文件。

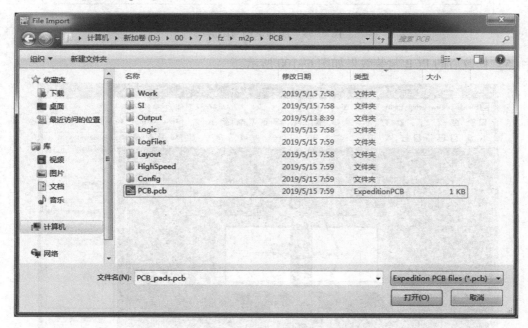

图 6-102 【File Import】对话框

（3）单击【打开】按钮，弹出【Translation progress】对话框，如图 6-103 所示。在此对话框中显示转换进展情况。

166

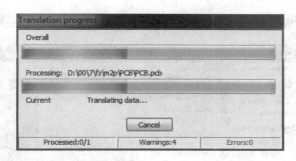

图 6-103　【Translation progress】对话框

（4）转换完成的 PCB 文件如图 6-104 所示。

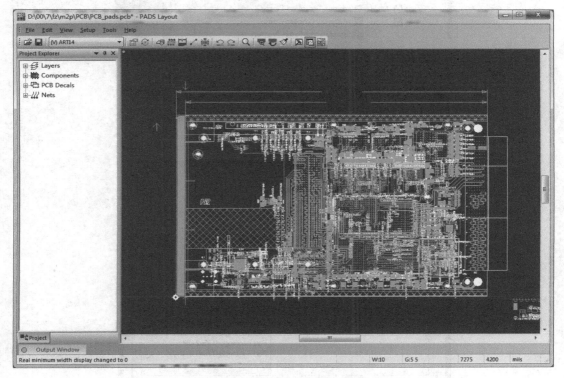

图 6-104　转换完成的 PCB 文件

（5）将 PCB 上的封装保存到 PADS 封装库中，然后逐一进行编辑修改即可。

6.6.2　Mentor 中心库转换成 PADS 封装库

（1）由 Mentor 中心库导出 hkp 文件：打开 Mentor 中心库，执行菜单命令【Tools】→
【Library Services…】，如图 6-105 所示。系统弹出【Library Services】对话框，如图 6-106
所示。

☺ 导出 Padstack. hkp 文件：在【Library Services】对话框中选择【Padstacks】选项卡，
　选中【Export】选项和【Padstack data file】选项，在【Export to】栏中选择导出路
　径，将文件保存为 Padstack. hkp，将【Padstacks in current partition】列表框中的所有

167

焊盘移至【Padstacks to export】列表框中，如图 6-106 所示。单击【Apply】按钮。

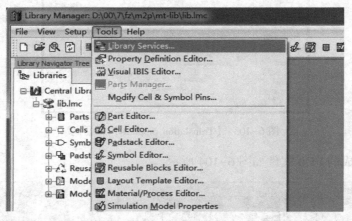

图 6-105　执行菜单命令【Tools】→【Library Services…】

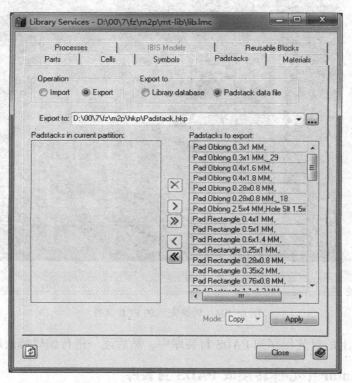

图 6-106　【Library Services】对话框（【Padstacks】选项卡）

☺导出 Cell.hkp 文件：在【Library Services】对话框中选择【Cells】选项卡，选中
【Export】选项和【Cell data file】选项，在【Export to】栏中选择导出路径，将文件
保存为 Cell.hkp，将【Cells in current partition】列表框中的所有焊盘移至【Cells to
export】列表框中，如图 6-107 所示。单击【Apply】按钮。

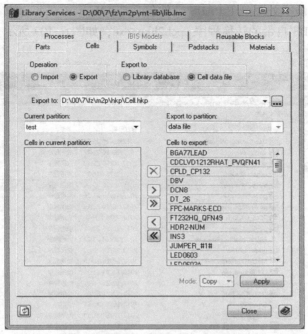

图 6-107 【Library Services】对话框（【Cells】选项卡）

☺ 导出 PDB. hkp 文件：在【Library Services】对话框中选择【Parts】选项卡，选中【Export】选项和【Part data file】选项，在【Export to】栏中选择导出路径，将文件保存为 PDB. hkp，将【Parts in current partition】列表框中的所有焊盘移至【Parts to export】列表框中，如图 6-108 所示。单击【Apply】按钮。

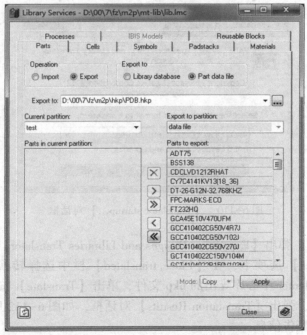

图 6-108 【Library Services】对话框（【Parts】选项卡）

（2）PADS 导入 hkp 文件：在 PADS 软件包（C：\MentorGraphics\9.5PADS\SDD_HOME\Programs）中找到 PADS 自带的转换程序 ppcb2hkp.exe，如图 6-109 所示。双击 ppcb2hkp.exe，启动转换程序。

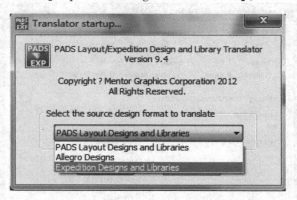

图 6-109　找到 PADS 自带的转换程序 ppcb2hkp.exe

弹出【Translator startup…】对话框，如图 6-110 所示。在【Select the source design format to translate】栏中选择【Expedition Designs and Libraries】。

图 6-110　【Translator startup…】对话框

单击【OK】按钮，弹出【Expedition Designs and Libraries Translator】对话框，如图 6-111 所示。选择【Libraries】选项卡，在【Place translated】栏中选择转换输出的路径，单击【Add】按钮，选择 Mentor 中心库导出的 hkp 文件，单击【Translate】按钮。

程序运行结束后，弹出【Translation Results】对话框，如图 6-112 所示。在此可以查看转换过程中的报错与警告信息。

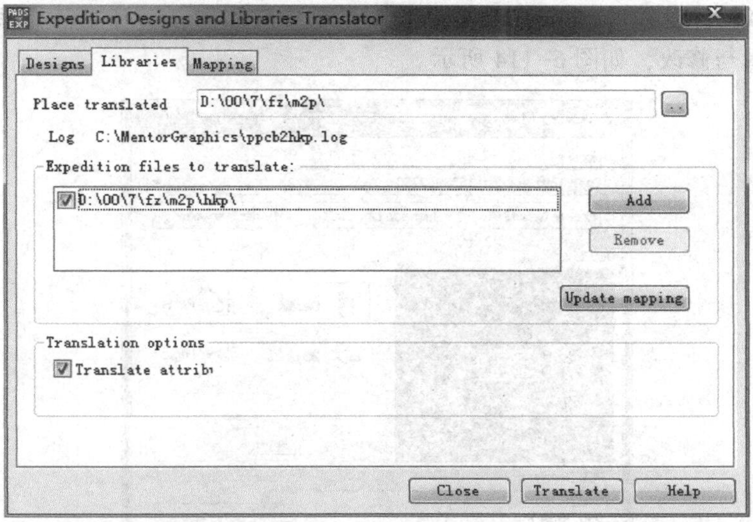

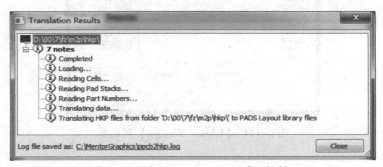

图 6-111 【Expedition Designs and Libraries Translator】对话框

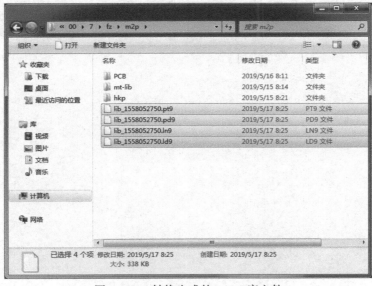

图 6-112 【Translation Results】对话框

关闭转换程序，在输出路径文件夹中产生 PADS 库的 4 个文件，如图 6-113 所示。

图 6-113 转换生成的 PADS 库文件

打开 PADS 软件，在【Library Manager】对话框中对照 Mentor 中心库，逐一对转换过来的封装进行编辑与修改，如图 6-114 所示。

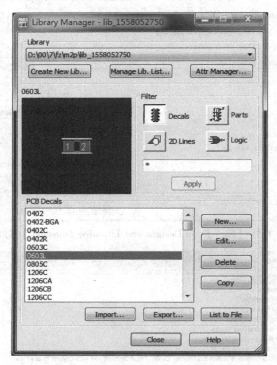

图 6-114 【Library Manager】对话框

第7章 PCB 3D 封装库的应用

在产品开发过程中，结构设计和电路设计通常是独立进行的。由于信息沟通不充分等原因，有可能出现这两部分设计存在矛盾的情况。例如，最常见的是元器件 PCB 封装的空间干涉问题，在 PCB 布局时使用的 PCB 封装为平面结构，很难发现空间干涉问题，等到后期装配阶段发现存在空间干涉问题时，只能返工去修改 PCB 设计，这会影响产品的上市时间。如果 PCB 封装库中的每个元器件都有一个 3D 模型，那么在 PCB 布局、布线阶段调用元器件的 3D 模型，将元器件以 3D 的方式显示出来，就可以及早发现并解决空间干涉问题。

7.1 Altium Designer 封装 3D 模型的创建及调用

7.1.1 简易 3D 封装库的创建

一些实体为圆柱体、立方体等较为简单的电子元件，如常见的电阻器、电容器、BGA 元器件等，在 3D 封装中可直接使用 Altium Designer 自带的【3D Body】功能创建。

本节以常见的 0805 贴片电容器为例，介绍如何利用【3D Body】功能创建元器件的 3D 模型。

1. 读取元器件封装信息

元器件数据手册中给出的 0805 贴片电容器封装信息如图 7-1 所示。由图可见，该元器件的最大高度值为 1.4mm。

R15 / 0805	INCHES	(mm)
L	.080 ±.010	(2.03 ±.25)
W	.050 ±.010	(1.27 ±.25)
Ts	.050 Max.	(1.27)
Tx	.055 Max.	(1.40)
E/B	.020 ±.010	(0.51 ±.25)

图 7-1 元器件数据手册中给出的 0805 贴片电容器封装信息

常规电阻器、电容器等的高度并非固定值，不同厂商的产品高度会略有不同。

2. 元器件结构层设置

打开一个常见 0805 贴片电容器封装，设计前需要确定 3D 模型所在层。由于 3D 模型只在机械层显示，本例设置在 Mechanical 13，如图 7-2 所示。按【L】键，进入层颜色管理，选中【Mechanical 13】。

选择 Mechanical 13 层，绘制出 0805 电容器的实体外形（2.0mm×1.25mm），如图 7-3 所示。

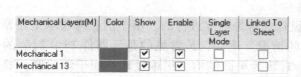

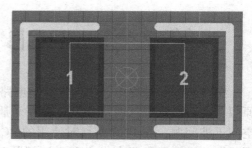

图 7-2　机械层的设置

图 7-3　绘制元器件实体外形

3. 生成 3D 体

执行菜单命令【Tools】→【Manage 3D Bodies for Current Component】（快捷键：【T→M】），系统会根据元器件的实体参数生成对应的 3D 体。

如图 7-4 所示，选中刚刚绘制的 0805 电容器的实体外形（显示为"In Component 0805C"），在对应的【Overall Height】栏中输入高度值"1.4mm"，在对应的【Registration Layer】栏中选择【Mechanical13】，即可生成相应的 3D 体，如图 7-5 所示。

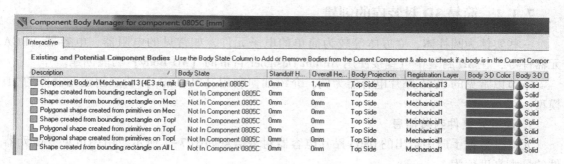

图 7-4　3D 体参数设置

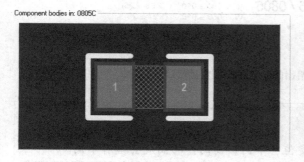

图 7-5　生成 3D 体

4. 3D 体属性设置

双击绘制好的 3D 体，弹出【3D Body［mm］】对话框，如图 7-6 所示。

174

☺ Body Side：3D 体放在 PCB 的正面或背面。

☺ Layer：3D 体所在层。

☺ 3D Color：3D 体颜色。

☺ Overall Height：3D 体总高度。

☺ Standoff Height：3D 体悬空高度。

5. 显示创建的封装 3D 效果

执行菜单命令【View】→【Switch to 3D】（或者按数字键【3】），即可进入 3D 显示状态，如图 7-7 所示。

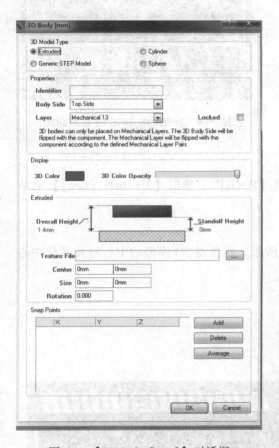

图 7-6 【3D Body［mm］】对话框

图 7-7 创建的 3D 封装显示效果

7.1.2 使用 STEP 模型创建 3D 封装

对于较复杂的元器件，无法通过 Altium Designer 创建 3D 模型，只能先通过其他有 3D 结构创建功能的软件（如 PRO/E、UG NX、SolidWorks 等）创建 3D 模型，然后在 Altium Designer 中将其导入相应的 3D 封装库，设置好角度和位置后即可使用。

通常，各大电子元器件生产厂商都会将其创建好的 3D 模型放在其官网上供用户直接下载，这也是我们获取元器件 3D 模型的主要途径。

1. 模型准备

首先从元器件生产厂商官方网站上下载相应的 3D 模型。本节以 TSSOP48-DGG 为例，其 STEP 格式的 3D 模型如图 7-8 所示。TSSOP48-DGG 的 PCB 封装如图 7-9 所示。

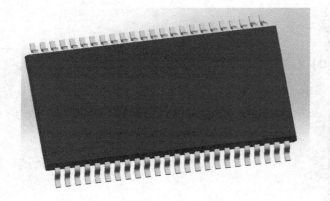

图 7-8　TSSOP48-DGG 的 3D 模型

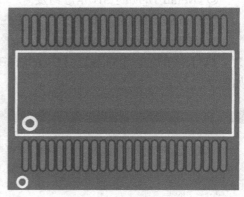

图 7-9　TSSOP48-DGG 的 PCB 封装

2. 3D 体参数设置

执行菜单命令【Place】→【3D Body】（快捷键【P—B】），弹出【3D Body［mm］】对话框，按图 7-10 所示进行相应的设置。

3. 显示 3D 封装效果

设置完成后，显示 3D 封装效果，如图 7-11 所示。通常将 3D 模型的中心与元器件中心重合，使 3D 模型的俯视图与实体俯视图一致。

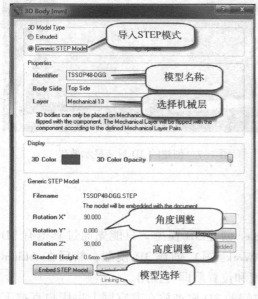

图 7-10　【3D Body［mm］】对话框

图 7-11　显示 3D 封装效果

176

7.1.3　3D 结构文件的导出

为 PCB 上的每个元器件的封装添加对应的 3D 模型后，即可得到 PCB 整板的 3D 封装效果图，如图 7-12 所示。

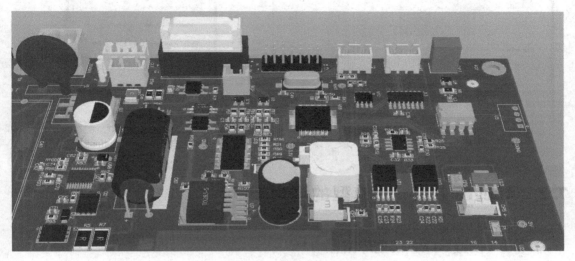

图 7-12　PCB 整板的 3D 封装效果图

也可以将图 7-12 所示的结构导出为 3D 格式的文件，其操作步骤如下所述。

（1）按叠层设计值设置 PCB 厚度：本例的 PCB 厚度为 1.6mm。执行菜单命令【Design】→【Layer Stack Manager】（快捷键【D→K】），设置每层的厚度值，最终总厚度为 1.6mm，如图 7-13 所示。

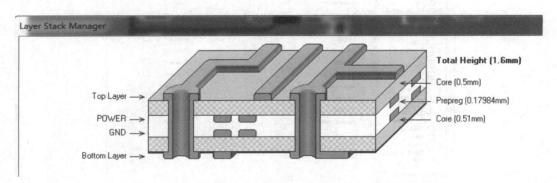

图 7-13　设置 PCB 厚度

（2）PCB 的原点一般设置在板内。原点位置不要随意改动，这样可以保证每次输出的位置一致。如果 PCB 上有挖空区域，必须增加 Board Cutout 区域，如图 7-14 所示。

（3）设置完成后，将 PCB 文件另存为 step 文件。按照图 7-15 所示设置【STEP Export Options】对话框中的输出选项，最后单击【OK】按钮，完成 step 格式的输出。

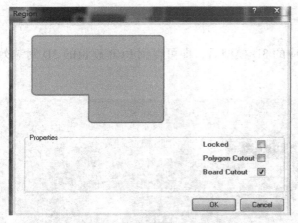

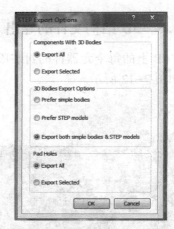

图 7-14 设置 PCB 挖空区域   图 7-15 【STEP Export Options】对话框

7.2 Allegro 封装 3D 模型的调用

7.2.1 设置 STEP 模型库路径

（1）用 Allegro 软件打开 .brd 文件，执行菜单命令【Setup】→【User Preferences...】，弹出【User Preferences Editor】对话框，选择【Paths】→【Library】，如图 7-16 所示。

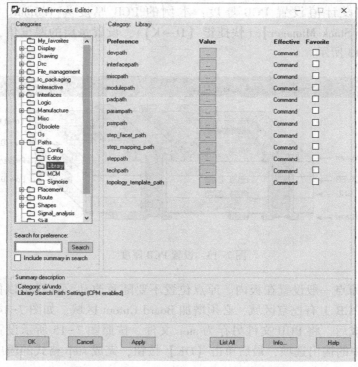

图 7-16 【User Preferences Editor】对话框

（2）在与【steppath】选项对应的【Value】栏中选择 3D 模型文件，如图 7-17 所示。

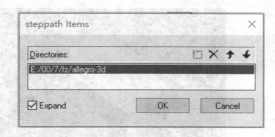

图 7-17　选择 3D 模型文件

7.2.2　STEP 模型指定

（1）执行菜单命令【Setup】→【Step Package Mapping…】，打开【Device/Package STEP Mapping】对话框，如图 7-18 所示。

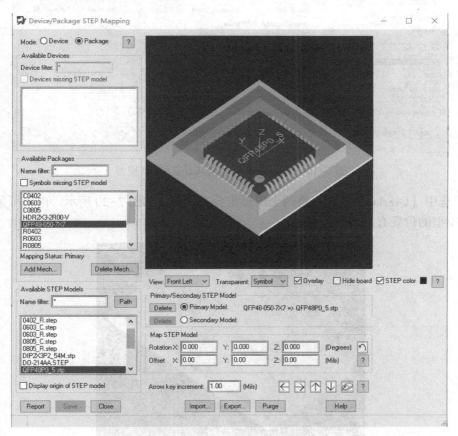

图 7-18　【Device/Package STEP Mapping】对话框

（2）本节以 C0603 为例，在【Available Packages】区域的列表框中选择【C0603】，在【Available STEP Models】区域的列表框中选择对应的 3D 模型【0603_C.step】，如图 7-19 所示。

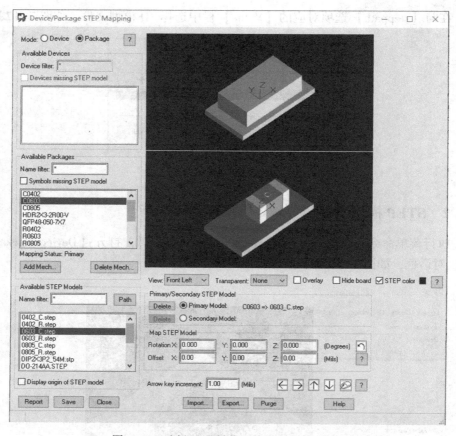

图 7-19　选择 PCB 封装及其对应的 3D 模型

（3）选中【Overlay】选项，将两个图形重叠在一起，如图 7-20 所示。由图可见，本例中的 3D 模型的位置有点儿偏。

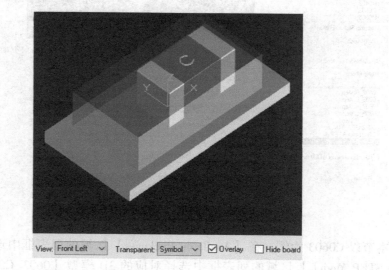

图 7-20　将 3D 模型与 PCB 封装重叠在一起

（4）在【View】栏中选择【Front】，切换为前视图，如图7-21所示。

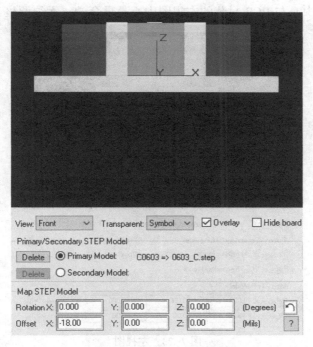

图7-21　切换为前视图

（5）在【Offset X】栏中输入X轴的偏移量，使3D模型的前视图中心与PCB封装的前视图中心重合，如图7-22所示。

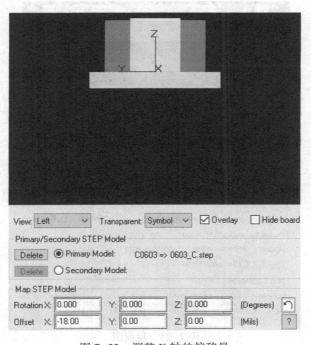

图7-22　调整X轴的偏移量

（6）在【View】栏中选择【Left】，切换为左视图，如图 7-23 所示。由图可见，本例的 3D 模型的左视图中心与 PCB 封装的左视图中心是重合的，无须调整 Y 轴的偏移量。

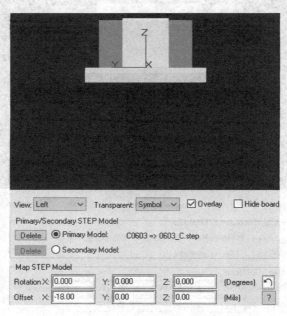

图 7-23　左视图

（7）在【View】栏中选择【Top】，切换为顶视图，如图 7-24 所示。由图可见，本例的 3D 模型的顶视图中心与 PCB 封装的顶视图中心也是重合的，无须调整 Z 轴的偏移量。

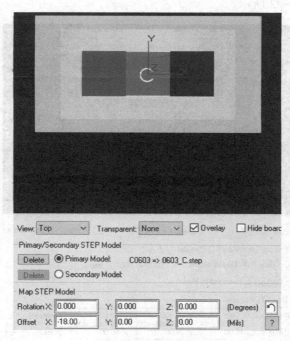

图 7-24　顶视图

（8）调整完成后，单击【Save】按钮保存设置。

重复上述步骤，对 PCB 上的每个元器件的 PCB 封装都指定对应的 3D 模型。

7.2.3 3D 效果图的查看与导出

（1）在 Allegro 中执行菜单命令【View】→【3D Canvas】，如图 7-25 所示。

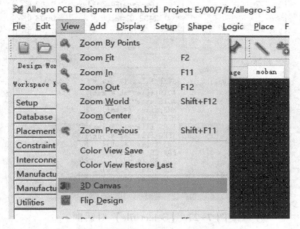

图 7-25 执行菜单命令【View】→【3D Canvas】

（2）弹出【Allegro 3D Canvas】窗口，在此可以查看整板 3D 效果图，如图 7-26 所示。

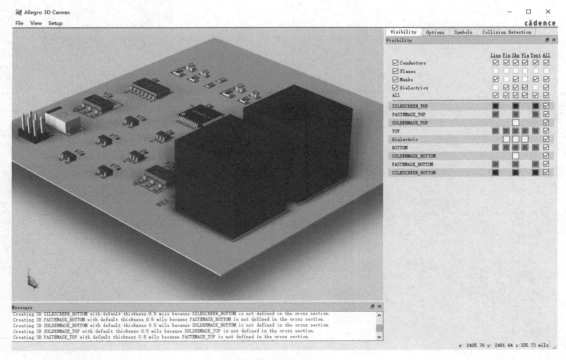

图 7-26 整板 3D 效果图

（3）导出整板 3D 效果图：在【Allegro 3D Canvas】窗口执行菜单命令【File】→【Export】，弹出【Select file】对话框，如图 7-27 所示。在此可以导出不同格式的 3D 文件。

图 7-27 【Select file】对话框

第 8 章　PCB 封装的命名

本章主要介绍 PCB 封装库的命名规则与方法。根据此规则命名 PCB 封装库，便于管理和查找，从而提高工作效率。好的封装名称应能从中读出封装的主要信息。

8.1　表面贴装类封装的命名

8.1.1　表面贴装电阻器

表面贴装电阻器的外形及其尺寸参数如图 8-1 所示。

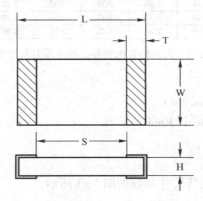

mm [in] Component Identifier	L		S		W		T		H
	min	max	min	max	min	max	min	max	max
1005 [0402]	1.00	1.10	0.40	0.70	0.48	0.60	0.10	0.30	0.40
1608 [0603]	1.50	1.70	0.70	1.11	0.70	0.95	0.15	0.40	0.60
2012 [0805]	1.85	2.15	0.55	1.32	1.10	1.40	0.15	0.65	0.65
3216 [1206]	3.05	3.35	1.55	2.32	1.45	1.75	0.25	0.75	0.71
3225 [1210]	3.05	3.35	1.55	2.32	2.34	2.64	0.25	0.75	0.71
5025 [2010]	4.85	5.15	3.15	3.92	2.35	2.65	0.35	0.85	0.71
6332 [2512]	6.15	6.45	4.45	5.22	3.05	3.35	0.35	0.85	0.71

图 8-1　表面贴装电阻器的外形及其尺寸参数

【举例】R0603

【释义】R：电阻器（Resistor）

　　　　0603：尺寸为 60mil×30mil

8.1.2　表面贴装电容器

表面贴装电容器的外形及其尺寸参数如图 8-2 所示。

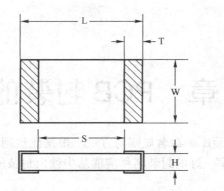

Component Identifier (mm) [in]	L		S		W		T		H
	min	max	min	max	min	max	min	max	max
1005 [0402]	0.90	1.10	0.30	0.65	0.40	0.60	0.10	0.30	0.60
1310 [0504]	1.02	1.32	0.26	0.72	0.77	1.27	0.13	0.38	1.02
1608 [0603]	1.45	1.75	0.45	0.97	0.65	0.95	0.20	0.50	0.85
2012 [0805]	1.80	2.20	0.30	1.11	1.05	1.45	0.25	0.75	1.10
3216 [1206]	3.00	3.40	1.50	2.31	1.40	1.80	0.25	0.75	1.35
3225 [1210]	3.00	3.40	1.50	2.31	2.30	2.70	0.25	0.75	1.35
4532 [1812]	4.20	4.80	2.30	3.46	3.00	3.40	0.25	0.95	1.35
4564 [1825]	4.20	4.80	2.30	3.46	6.00	6.80	0.25	0.95	1.10

图 8-2　表面贴装电容器的外形及其尺寸参数

【举例】 C0603

【释义】 C：电容器 （Capacitor）

0603：尺寸为 60mil×30mil

8.1.3　表面贴装电阻排

表面贴装电阻排的外形及其尺寸参数如图 8-3 所示。

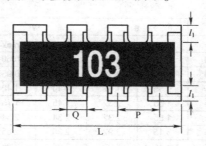

Part No.	Style	L	W	H	ℓ_1	ℓ_2	P	Q
2D02 (0402x2)	2D02 (4Pin 2R)	1.0 ± 0.1	1.0 ± 0.1	0.35 ± 0.1	0.17 ± 0.1	0.25 ± 0.1	0.65 ± 0.05	0.33 ± 0.1
4D02 (0402x4)	4D02 (8Pin 4R)	2.0 ± 0.1	1.0 ± 0.1	0.45 ± 0.1	0.2 ± 0.15	0.3 ± 0.15	0.5 ± 0.05	0.3 ± 0.05
4D03 (0603x4)	4D03 (8Pin 4R)	3.2 ± 0.2	1.6 ± 0.2	0.5 ± 0.1	0.3 ± 0.15	0.3 ± 0.15	0.8 ± 0.1	0.5 ± 0.15
16P8	16P8 (16Pin 8R)	4.0 ± 0.2	1.6 ± 0.15	0.45 ± 0.1	0.3 ± 0.15	0.4 ± 0.15	0.5 ± 0.05	0.3 ± 0.05
10P8	10P8 (10Pin 8R)	3.2 ± 0.2	1.6 ± 0.15	0.55 ± 0.1	0.4 ± 0.1	0.3 ± 0.15	0.64 ± 0.05	0.35 ± 0.05

图 8-3　表面贴装电阻排的外形及其尺寸参数

【举例】RA8-4D03

【释义】RA：电阻排（Resistor Arrays）

8：引脚数为8

4D03：型号

8.1.4　表面贴装钽电容器

表面贴装钽电容器的外形及其尺寸参数如图 8-4 所示。

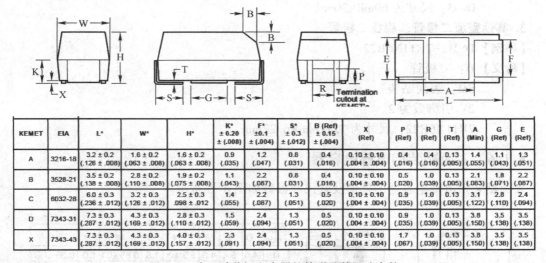

KEMET	EIA	L*	W*	H*	K* ± 0.20 ± (.008)	F* ±0.1 ± (.004)	S* ± 0.3 ± (.012)	B (Ref) ± 0.15 ± (.004)	X (Ref)	P (Ref)	R (Ref)	T (Ref)	A (Min)	G (Ref)	E (Ref)
A	3216-18	3.2 ± 0.2 (.126 ± .008)	1.6 ± 0.2 (.063 ± .008)	1.6 ± 0.2 (.063 ± .008)	0.9 (.035)	1.2 (.047)	0.8 (.031)	0.4 (.016)	0.10 ± 0.10 (.004 ± .004)	0.4 (.016)	0.4 (.016)	0.13 (.005)	1.4 (.055)	1.1 (.043)	1.3 (.051)
B	3528-21	3.5 ± 0.2 (.138 ± .008)	2.8 ± 0.2 (.110 ± .008)	1.9 ± 0.2 (.075 ± .008)	1.1 (.043)	2.2 (.087)	0.8 (.031)	0.4 (.016)	0.10 ± 0.10 (.004 ± .004)	0.5 (.020)	1.0 (.039)	0.13 (.005)	2.1 (.083)	1.8 (.071)	2.2 (.087)
C	6032-28	6.0 ± 0.3 (.236 ± .012)	3.2 ± 0.3 (.126 ± .012)	2.5 ± 0.3 .098 ± .012	1.4 (.055)	2.2 (.087)	1.3 (.051)	0.5 (.020)	0.10 ± 0.10 (.004 ± .004)	0.9 (.035)	1.0 (.039)	0.13 (.005)	3.1 (.122)	2.8 (.110)	2.4 (.094)
D	7343-31	7.3 ± 0.3 (.287 ± .012)	4.3 ± 0.3 (.169 ± .012)	2.8 ± 0.3 (.110 ± .012)	1.5 (.059)	2.4 (.094)	1.3 (.051)	0.5 (.020)	0.10 ± 0.10 (.004 ± .004)	0.9 (.035)	1.0 (.039)	0.13 (.005)	3.8 (.150)	3.5 (.138)	3.5 (.138)
X	7343-43	7.3 ± 0.3 (.287 ± .012)	4.3 ± 0.3 (.169 ± .012)	4.0 ± 0.3 (.157 ± .012)	2.3 (.091)	2.4 (.094)	1.3 (.051)	0.5 (.020)	0.10 ± 0.10 (.004 ± .004)	1.7 (.067)	1.0 (.039)	0.13 (.005)	3.8 (.150)	3.5 (.138)	3.5 (.138)

图 8-4　表面贴装钽电容器的外形及其尺寸参数

【举例】TC3216

【释义】TC：钽电容器（Tantalum Capacitor）

3216：尺寸为 3.2mm×1.6mm

8.1.5　表面贴装二极管

表面贴装二极管的外形及其尺寸参数如图 8-5 所示。

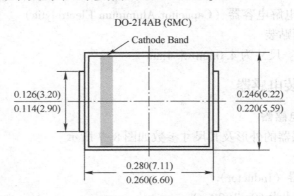

图 8-5　表面贴装二极管的外形及其尺寸参数

1. 发光二极管（LED）

【举例】LED0603

【释义】LED：发光二极管（Light-Emitting Diode）

0603：尺寸为 60mil×30mil

2. 小型二极管

【举例】D0603

【释义】D：二极管（Diode）

0603：尺寸为 60mil×30mil

3. 其他整流二极管、稳压二极管

【举例】DSM2-7R11X6R22

【释义】D：二极管

SM：表面贴装

2：引脚数为 2

7R11X6R22：尺寸为 7.11mm×6.22mm

8.1.6 表面贴装铝电解电容器

表面贴装铝电解电容器的外形及其尺寸参数如图 8-6 所示。

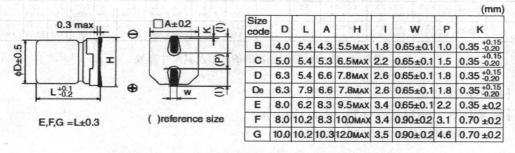

Size code	D	L	A	H	I	W	P	K	(mm)
B	4.0	5.4	4.3	5.5MAX	1.8	0.65±0.1	1.0	0.35 +0.15 -0.20	
C	5.0	5.4	5.3	6.5MAX	2.2	0.65±0.1	1.5	0.35 +0.15 -0.20	
D	6.3	5.4	6.6	7.8MAX	2.6	0.65±0.1	1.8	0.35 +0.15 -0.20	
D8	6.3	7.9	6.6	7.8MAX	2.6	0.65±0.1	1.8	0.35 +0.15 -0.20	
E	8.0	6.2	8.3	9.5MAX	3.4	0.65±0.1	2.2	0.35 ±0.2	
F	8.0	10.2	8.3	10.0MAX	3.4	0.90±0.2	3.1	0.70 ±0.2	
G	10.0	10.2	10.3	12.0MAX	3.5	0.90±0.2	4.6	0.70 ±0.2	

图 8-6　表面贴装铝电解电容器的外形及其尺寸参数

【举例】CAESM-4R0X5R4

【释义】CAE：铝电解电容器（Capacitor Aluminum Electrolytic）

SM：表面贴装

4R0X5R4：尺寸为 4.0mm×5.4mm

8.1.7 表面贴装电感器

1. 表面贴装小型电感器

表面贴装小型电感器的外形及其尺寸参数如图 8-7 所示。

【举例】L0603

【释义】L：电感器（Inductor）

0603：尺寸为 60mil×30mil

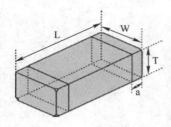

Type	L	W	T	a
SDCL1005 [0402]	1.0±0.15 [.039±.006]	0.5±0.15 [.020±.006]	0.5±0.15 [.020±.006]	0.25±0.1 [.010±.004]
SDCL1608 [0603]	1.6±0.15 [.063±.006]	0.8±0.15 [.031±.006]	0.8±0.15 [.031±.006]	0.3±0.2 [.012±.008]
SDCL2012 [0805]	2.0 ±0.2 [.079±.008]	1.25±0.2 [.049±.008]	0.85±0.2 [.033±.008]	0.5±0.2 [.020±.008]

Unit: mm [inch]

图 8-7　表面贴装小型电感器的外形及其尺寸参数

2. 表面贴装功率电感器

表面贴装功率电感器的外形及其尺寸参数如图 8-8 所示。

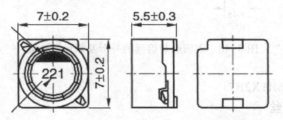

图 8-8　表面贴装功率电感器的外形及其尺寸参数

【举例】 INDSM2-7R0X7R0

【释义】 IND：电感器（Inductor）

　　　　 SM：表面贴装

　　　　 2：引脚数为 2

　　　　 7R0X7R0：尺寸为 7.0mm×7.0mm

8.1.8　表面贴装晶体管

表面贴装晶体管的外形及其尺寸参数如图 8-9 所示。

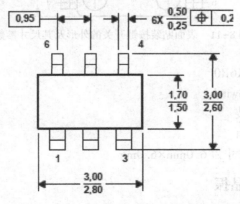

图 8-9　表面贴装晶体管的外形及其尺寸参数

【举例】SOT23-6

【释义】SOT23：封装形式

　　　　6：引脚数为6

8.1.9 表面贴装熔丝

表面贴装熔丝的外形及其尺寸参数如图8-10所示。

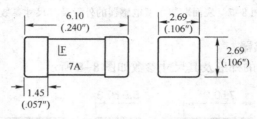

图8-10 表面贴装熔丝的外形及其尺寸参数

【举例】FUSESM-6R1X2R7

【释义】FUSE：熔丝

　　　　SM：表面贴装

　　　　6R1X2R7：6.1mm×2.7mm

8.1.10 表面贴装按键开关

表面贴装按键开关的外形及其尺寸参数如图8-11所示。

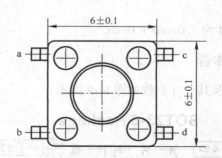

图8-11 表面贴装按键开关的外形及其尺寸参数

【举例】SWSM4-6R0X6R0

【释义】SW：开关（Switch）

　　　　SM：表面贴装

　　　　4：引脚数为4

　　　　6R0X6R0：尺寸为6.0mm×6.0mm

8.1.11 表面贴装晶振

表面贴装晶振的外形及其尺寸参数如图8-12所示。

190

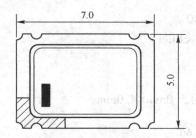

图 8-12　表面贴装晶振的外形及其尺寸参数

【举例】XSM4-7R0X5R0

【释义】X：晶振

SM：表面贴装

4：引脚数为 4

7R0X5R0：尺寸为 7.0mm×5.0mm

8.1.12　表面贴装电池座

表面贴装电池座的外形及其尺寸参数如图 8-13 所示。

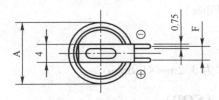

图 8-13　表面贴装电池座的外形及其尺寸参数

【举例】BATSM2-C13R0

【释义】BAT：电池（Battery）座

SM：表面贴装

2：引脚数为 2

C13R0：直径为 13.0mm

8.1.13　表面贴装整流器

表面贴装整流器的外形如图 8-14 所示。

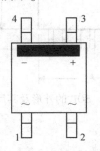

图 8-14　表面贴装整流器的外形

【举例】RECSM4-5R0X4R0

【释义】REC：整流器（Rectifier）

　　　　SM：表面贴装

　　　　4：引脚数为4

　　　　5R0X4R0：尺寸为5.0mm×4.0mm

8.1.14　表面贴装滤波器

表面贴装滤波器的外形及其尺寸参数如图8-15所示。

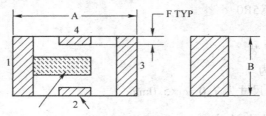

图8-15　表面贴装滤波器的外形及其尺寸参数

【举例】FILSM4-3R2X1R6

【释义】FIL：滤波器（Filter）

　　　　SM：表面贴装

　　　　4：引脚数为4

　　　　3R2X1R6：尺寸为3.2mm×1.6mm

8.1.15　小外形封装（SOP）

SOP的外形及其尺寸参数如图8-16所示。

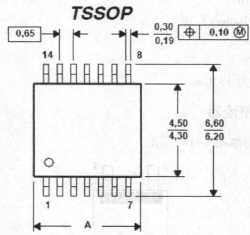

图8-16　SOP的外形及其尺寸参数

【举例】TSSOP14-26-173

【释义】TSSOP：小外形封装

　　　　14：引脚数为14

26：引脚间距为26mil

173：宽度为173mil

8.1.16 "J"形引脚类（SOJ）封装

"J"形引脚类（SOJ）封装的外形及其尺寸参数如图8-17所示。

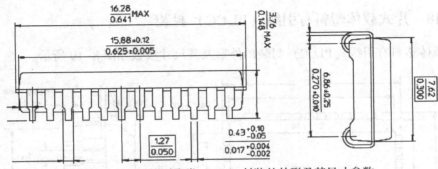

图8-17 "J"形引脚类（SOJ）封装的外形及其尺寸参数

【举例】SOJ24-300

【释义】SOJ："J"形引脚类（Small Outline J-Leaded）封装

24：引脚数为24

300：外形边长为300mil

8.1.17 四面扁平封装（QFP）

四面扁平封装（QFP）的外形及其尺寸参数如图8-18所示。

LQFP-48 Physical Dimensions

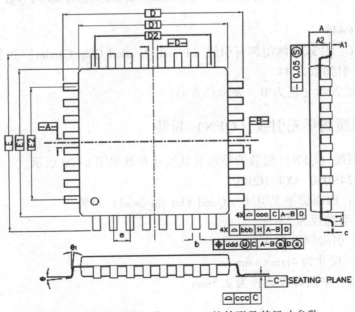

图8-18 四面扁平封装（QFP）的外形及其尺寸参数

193

【举例】QFP48-050-7X7

【释义】QFP：四面扁平封装（Quad-Flat-Package）

48：引脚数为 48

050：引脚间距为 0.5mm

7X7：尺寸为 7mm×7mm

8.1.18　片式载体塑料有引线（PLCC）封装

片式载体塑料有引线（PLCC）封装的外形及其尺寸参数如图 8-19 所示。

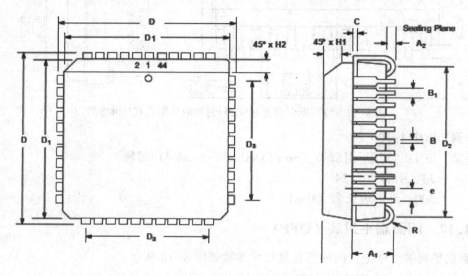

图 8-19　片式载体塑料有引线（PLCC）封装的外形及其尺寸参数

【举例】PLCC44S

【释义】PLCC：片式载体塑料有引线（Plastic Leaded Chip Carrier）封装

44：引脚数为 44

S：正方形（若为 R，表示长方形）

8.1.19　四面扁平无引线（QFN）封装

四面扁平无引线（QFN）封装的外形及其尺寸参数如图 8-20 所示。

【举例】QFN24-050-4X4-H2R5

【释义】QFN：四面扁平无引线（Quad Flat No-lead）封装

24：引脚数为 24

050：引脚间距为 0.5mm

4X4：尺寸为 4mm×4mm

H2R5：中间焊盘边长为 2.5mm

194

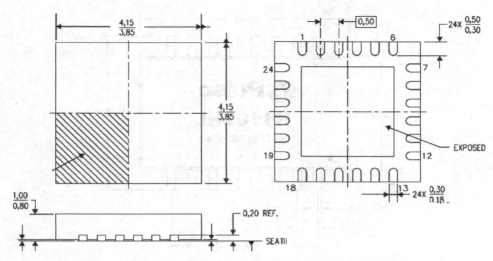

图 8-20　四面扁平无引线（QFN）封装的外形及其尺寸参数

8.1.20　两边扁平无引线（DFN）封装

两边扁平无引线（DFN）封装的外形及其尺寸参数如图 8-21 所示。

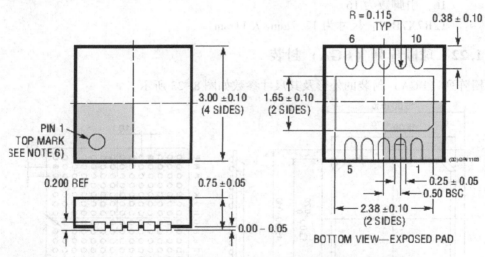

图 8-21　两边扁平无引线（DFN）封装的外形及其尺寸参数

【举例】DFN10-050-3X3

【释义】DFN：两边扁平无引线（Dual Flat No-lead）封装

10：引脚数为 10

050：引脚间距为 0.5mm

3X3：尺寸为 3mm×3mm

8.1.21　表面贴装变压器

表面贴装变压器的外形及其尺寸参数如图 8-22 所示。

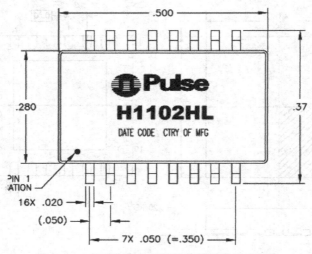

图 8-22　表面贴装变压器的外形及其尺寸参数

【举例】XFMRSM16-12R7X7R11

【释义】XFMR：变压器

　　　　SM：表面贴装

　　　　16：引脚数为 16

　　　　12R7X7R11：尺寸为 12.7mm×7.11mm

8.1.22　球栅阵列（BGA）封装

球栅阵列（BGA）封装的外形及其尺寸参数如图 8-23 所示。

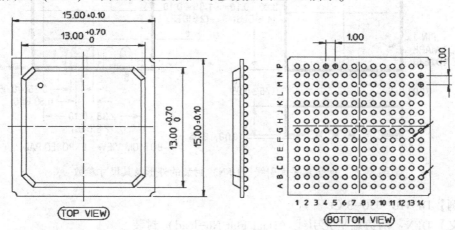

图 8-23　球栅阵列（BGA）封装的外形及其尺寸参数

【举例】BGA196-1R00-15X15

【释义】BGA：球栅阵列（Ball Grid Array）封装

　　　　196：引脚数为 196

　　　　1R00：引脚间距为 1.00mm

　　　　15X15：尺寸为 15mm×15mm

8.1.23　双列直插式存储模块（DIMM）插座

双列直插式存储模块（DIMM）的外形如图 8-24 所示。

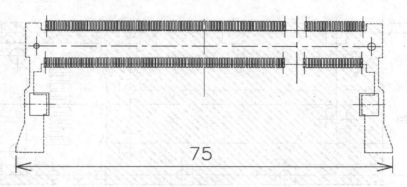

图 8-24　双列直插式存储模块（DIMM）的外形

【举例】 DIMM200-SM-STD

【释义】 DIMM：双列直插式存储模块

200：引脚数为 200

SM：表面贴装

STD：型号

8.1.24　SATA 连接器

SATA 连接器的外形及其尺寸参数如图 8-25 所示。

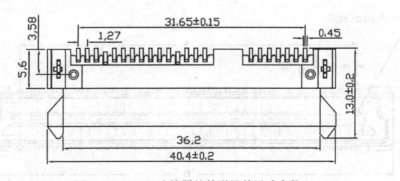

图 8-25　SATA 连接器的外形及其尺寸参数

【举例】 SATA22-RF-SM

【释义】 SATA：SATA 连接器

22：引脚数为 22

R：卧式安装

F：孔座（若为针座，用 M 表示）

SM：表面贴装

8.1.25 光模块

光模块的外形及其尺寸参数如图 8-26 所示。

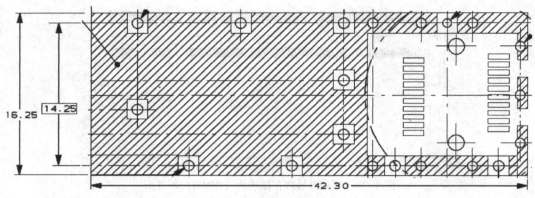

图 8-26　光模块的外形及其尺寸参数

【举例】SFP20-SM

【释义】SFP：光模块

　　　　20：引脚数为 20

　　　　SM：表面贴装

8.1.26 表面贴装双边缘连接器

表面贴装双边缘连接器的外形及其尺寸参数如图 8-27 所示。

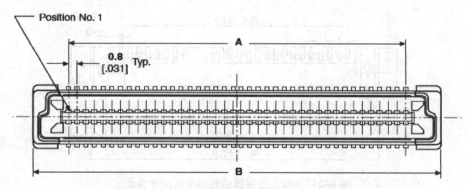

图 8-27　表面贴装双边缘连接器的外形及其尺寸参数

【举例】SED100-0R8-M

【释义】SED：双边缘连接器（SMD Edge Connector）

　　　　100：引脚数为 100

　　　　0R8：引脚间距为 0.8mm

　　　　M：针座

198

8.2 通孔插装类封装的命名

8.2.1 通孔插装继电器

通孔插装继电器的外形及其尺寸参数如图8-28所示。

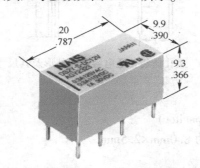

图8-28 通孔插装继电器的外形及其尺寸参数

【举例】RELTM8-20R0X9R9

【释义】REL：继电器（Relay）

TM：通孔插装

8：引脚数为8

20R0X9R9：尺寸为20.0mm×9.9mm

8.2.2 通孔插装电阻器

通孔插装电阻器的外形及其尺寸参数如图8-29所示。

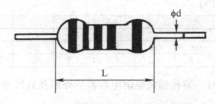

图8-29 通孔插装电阻器的外形及其尺寸参数

【举例】DR-10R0X3R0

【释义】DR：电阻器（通孔插装）

10R0X3R0：尺寸为10.0mm×3.0mm

8.2.3 通孔插装电容器

1. 普通电容器

通孔插装普通电容器的外形及其尺寸参数如图8-30所示。

199

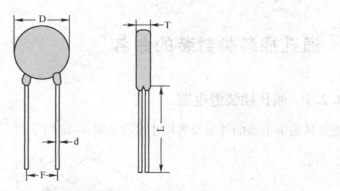

图 8-30　通孔插装普通电容器的外形及其尺寸参数

【举例】DC-8R0X2R5

【释义】DC：电容器（Capacitor）

　　　　8R0X2R5：尺寸为 8.0mm×2.5mm

2. 电解电容器

通孔插装电解电容器的外形及其尺寸参数如图 8-31 所示。

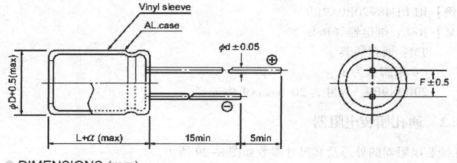

● DIMENSIONS (mm)

φD	5	6.3	8	10	12.5	16	18	20	22	25
F	2.0	2.5	3.5	5.0	5.0	7.5	7.5	10.0	10.0	12.5
d	0.5	0.5	0.6	0.6	0.6	0.8	0.8	0.8	2.0	1.0
α	1.5	1.5	1.5	1.5	1.5	1.5	1.5	2.0	2.0	2.0

图 8-31　通孔插装电解电容器的外形及其尺寸参数

【举例】CAETM-6R3X11R0-R

【释义】CAE：电解电容器（Capacitor Aluminum Electrolytic）

　　　　TM：通孔插装

　　　　6R3X11R0：尺寸为 10.0mm×3.0mm

　　　　R：卧式安装

8.2.4　通孔插装二极管

1. 发光二极管（LED）

通孔插装 LED 的外形及其尺寸参数如图 8-32 所示。

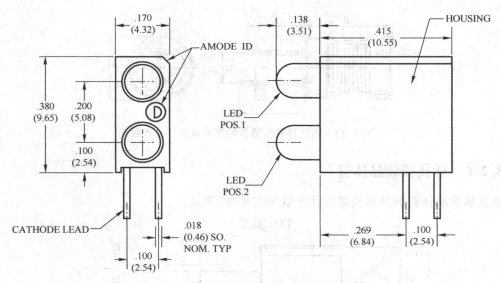

图 8-32　通孔插装 LED 的外形及其尺寸参数

【举例】LEDTM4-4R32X10R55

【释义】LED：发光二极管

　　　　TM：通孔插装

　　　　4：引脚数为 4

　　　　4R32X10R55：尺寸为 4.32mm×10.55mm

2. 其他二极管

通孔插装二极管的外形及其尺寸参数如图 8-33 所示。

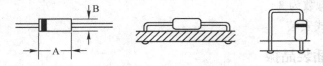

图 8-33　通孔插装二极管的外形及其尺寸参数

【举例】DD-4R3X2R8-V

【释义】DD：二极管

　　　　4R3X2R8：尺寸为 4.3mm×2.8mm

　　　　V：立式安装

8.2.5　通孔插装电感器

通孔插装电感器的外形及其尺寸参数如图 8-34 所示。

【举例】INDTM2-C5R0

【释义】IND：电感器

　　　　TM：通孔插装

　　　　2：引脚数为 2

　　　　C5R0：直径为 5.0mm

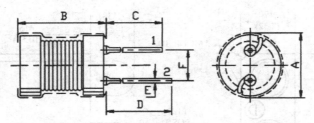

图 8-34　通孔插装电感器的外形及其尺寸参数

8.2.6　通孔插装晶体管

通孔插装晶体管的外形及其尺寸参数如图 8-35 所示。

TO-220

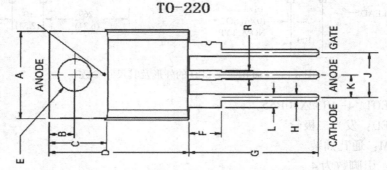

图 8-35　通孔插装晶体管的外形及其尺寸参数

【举例】 TO220-3-R

【释义】 TO220：封装型号

　　　　 3：引脚数为 3

　　　　 R：卧式安装

8.2.7　通孔插装晶振

通孔插装晶振的外形及其尺寸参数如图 8-36 所示。

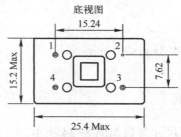

图 8-36　通孔插装晶振的外形及其尺寸参数

【举例】 DX4-25R4X15R2

【释义】 DX：晶振（通孔插装）

　　　　 4：引脚数为 4

　　　　 25R4X15R2：尺寸为 25.4mm×15.2mm

202

8.2.8　双列直插封装（DIP）

双列直插封装（DIP）的外形及其尺寸参数如图 8-37 所示。

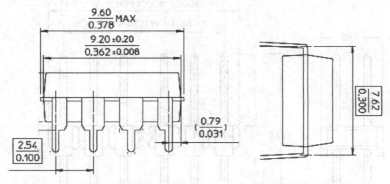

图 8-37　双列直插封装（DIP）的外形及其尺寸参数

【举例】 DIP8-300-378

【释义】 DIP：双列直插封装（Dual-In-Line Packages）

　　　　 8：引脚数为 8

　　　　 300：两排引脚间的间距为 300mil

　　　　 378：长度为 378mil

8.2.9　单列直插封装（SIP）

单列直插封装（SIP）的外形及其尺寸参数如图 8-38 所示。

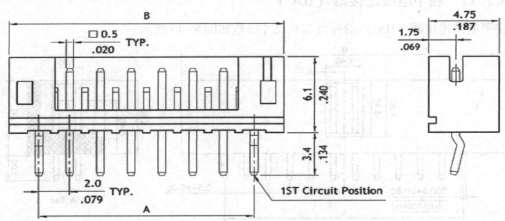

图 8-38　单列直插封装（SIP）的外形及其尺寸参数

【举例】 SIP8-2R00-V

【释义】 SIP：单列直插封装（Single-In-Line Packages）

　　　　 8：引脚数为 8

　　　　 2R00：引脚间距为 2.0mm

　　　　 V：立式安装

8.2.10 插针式连接器

插针式连接器的外形及其尺寸参数如图 8-39 所示。

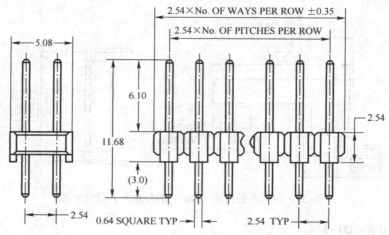

图 8-39　插针式连接器的外形及其尺寸参数

【举例】 HDR2X5-2R54-V

【释义】 HDR：插针式连接器

2X5：2 排 5 列引脚

2R54：引脚间距为 2.54mm

V：立式安装

8.2.11 扁平电缆连接器 （IDC）

扁平电缆连接器（IDC）的外形及其尺寸参数如图 8-40 所示。

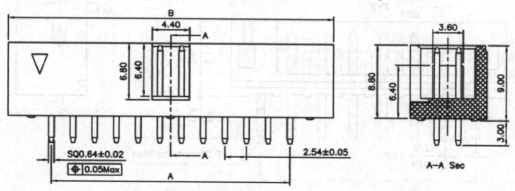

图 8-40　扁平电缆连接器（IDC）的外形及其尺寸参数

【举例】 IDC8-O-V

【释义】 IDC：扁平电缆连接器

8：引脚数为 8

O：牛角座

V：立式安装

8.2.12　USB 连接器

USB 连接器的外形及其尺寸参数如图 8-41 所示。

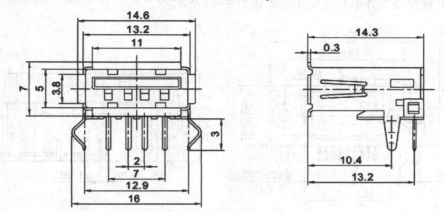

图 8-41　USB 连接器的外形及其尺寸参数

【举例】USB4-A

【释义】USB：USB 连接器

　　　　4：引脚数为 4

　　　　A：型号

8.2.13　RJ 通信口连接器

RJ 通信口连接器的外形及其尺寸参数如图 8-42 所示。

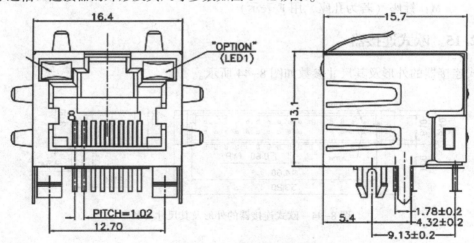

图 8-42　RJ 通信口连接器的外形及其尺寸参数

【举例】RJ8-15R7-LED

【释义】RJ：RJ 通信口连接器

　　　　8：引脚数为 8

　　　　15R7：宽度为 15.7mm

　　　　LED：带 LED 显示灯

8.2.14　D-SUB 连接器

D-SUB 连接器的外形及其尺寸参数如图 8-43 所示。

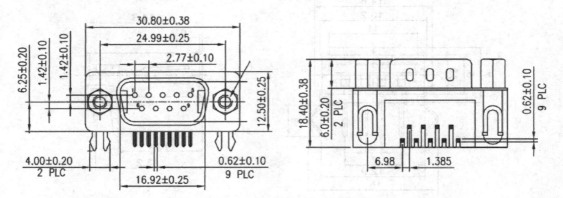

图 8-43　D-SUB 连接器的外形及其尺寸参数

【举例】DB9-2R77-18R4-RM

【释义】DB：D-SUB 连接器

　　　　9：引脚数为 9

　　　　2R77：引脚间距为 2.77mm

　　　　18R4：宽度为 18.4mm

　　　　R：卧式安装

　　　　M：针座（若为孔座，用 F 表示）

8.2.15　欧式连接器

欧式连接器的外形及其尺寸参数如图 8-44 所示。

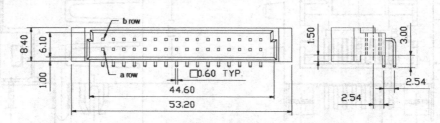

图 8-44　欧式连接器的外形及其尺寸参数

【举例】DIN32-RM

【释义】DIN：欧式连接器

　　　　32：引脚数为 32

　　　　R：卧式安装

　　　　M：针座（若为孔座，用 F 表示）

206

8.2.16 HM 型连接器

HM 型连接器的外形及其尺寸参数如图 8-45 所示。

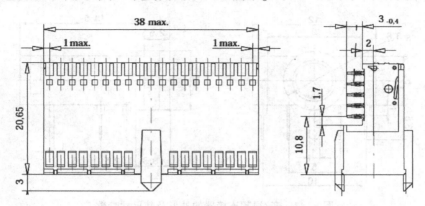

图 8-45　HM 型连接器的外形及其尺寸参数

【举例】HM5X19-RM

【释义】HM：HM 型连接器

5X19：5 排 19 列引脚

R：卧式安装

M：针座

8.2.17 电源插座

电源插座的外形及其尺寸参数如图 8-46 所示。

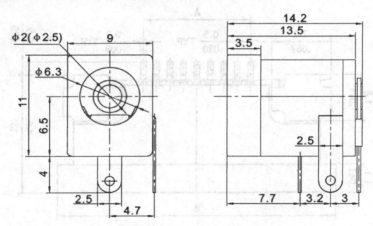

图 8-46　电源插座的外形及其尺寸参数

【举例】DC3-9R0X14R2

【释义】DC：电源插座

3：引脚数为 3

9R0X14R2：尺寸为 9.0mm×14.2mm

8.2.18 音/视频连接器

音/视频连接器的外形及其尺寸参数如图 8-47 所示。

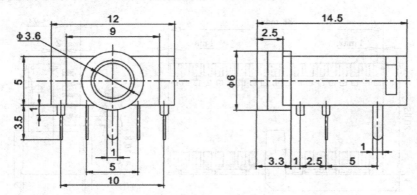

图 8-47　音/视频连接器的外形及其尺寸参数

【举例】 AV5-12R0X14R5-TM

【释义】 AV：音/视频连接器

　　　　5：引脚数为 5

　　　　12R0X14R5：尺寸为 12.0mm×14.5mm

　　　　TM：通孔插装

8.2.19 FPC 连接器

FPC 连接器的外形及其尺寸参数如图 8-48 所示。

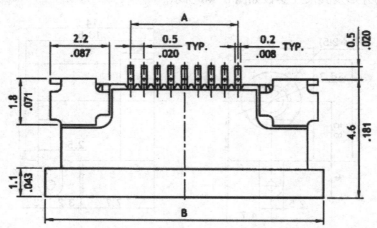

图 8-48　FPC 连接器的外形及其尺寸参数

【举例】 FPC9-0R50

【释义】 FPC：FPC 连接器

　　　　9：引脚数为 9

　　　　0R50：引脚间距为 0.50mm

8.2.20 同轴电缆

同轴电缆（BNC）连接器的外形及其尺寸参数如图8-49所示。

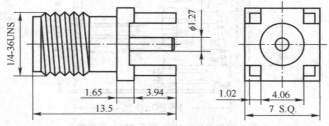

图8-49　同轴电缆（BNC）连接器的外形及其尺寸参数

【举例】BNC5-7R0X7R0-V

【释义】BNC：同轴电缆连接器

　　　　5：引脚数为5

　　　　7R0X7R0：尺寸为7.0mm×7.0mm

　　　　V：立式安装

8.2.21 电源模块

电源模块的外形及其尺寸参数如图8-50所示。

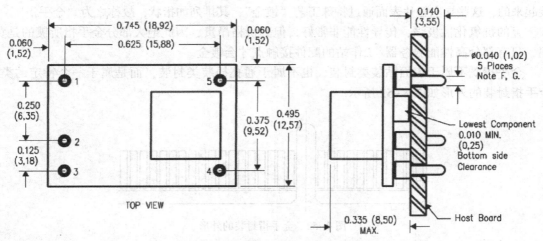

图8-50　电源模块的外形及其尺寸参数

【举例】PWR5-18R92X12R57

【释义】PWR：电源模块

　　　　5：引脚数为5

　　　　18R92X12R57：尺寸为18.92mm×12.57mm

8.2.22 卡座

卡座的外形及其尺寸参数如图8-51所示。

209

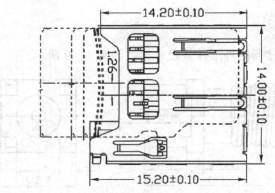

图 8-51　卡座的外形及其尺寸参数

【举例】 SD-CARD8-14R0X15R2

【释义】 SD-CARD：卡座类型

　　　　8：引脚数为 8

　　　　14R0X15R2：尺寸为 14.0mm×15.2mm

8.3　特殊类型封装的命名

计算机内存条与内存条插槽之间、显卡与显卡插槽之间等，是由众多金黄色的导电触片连接起来的，这些导电触片表面通过特殊工艺"镀金"，其排列如指状，故称之为"金手指"。

金的抗氧化性极强，传导性能非常好，但其价格昂贵，因此绝大部分金手指所镀的是黄铜，只有部分高性能服务器/工作站的配件接触点才会镀金。

金手指既不属于表面贴装类封装，也不属于通孔插装类封装，而是属于一个特定的类。金手指封装的外形如图 8-52 所示。

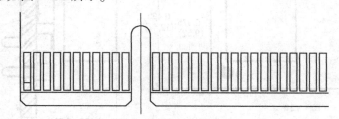

图 8-52　金手指封装的外形

【举例】 Finger-PCI-36

【释义】 Finger：金手指封装

　　　　PCI：连接器类型

　　　　36：引脚数为 36

8.4　PCB 封装库参考图

下面给出实际 PCB 封装库中常用的 PCB 封装图形（1:1）。

1. 表面贴装元器件（SMD）

表面贴装 R/C/L

| R0402 | R0603 | R0805 | R1206 | R1210 | R1812 | R2010 | R2512 | R1020 |

| C0201 | C0402 | C0603 | C0805 | C1206 | C1210 | C1808 | C1812 | C2220 | C2225 | C1825 |

| RA4-0402 | RA8-0402 | RA16-0402 | RA4-0603 | RA8-0603 | RA16-0603 | TC3216 | TC3528 | TC6032 | TC7343 | TC7361 |

| LED0603 | LED0805 | LED4-1210 | D0603 | D0805 | D1206 | DO-214AC | DO-215AA | DO-214AA | DO-214AB |

| SOD723 | SOD523 | SOD323 | SOD123 | SOD106 | SOD80 | SOD87 | DO-219AB | DO-213AA | DO-213AB |

| CAESM-4R0X5R4 | CAESM-5R0X5R4 | CAESM-6R3X5R8 | CAESM-8R0X6R2 | CAESM-10R0X10R0 | CAESM-12R5X13R5 | CAESM-16R0X9R5 |

| L0402 | L0603 | L0805 | L1206 | L1008 | L1210 | L1212 | L1812 | L2525 | INDSM2-11R5X10R3 |

| INDSM2-10R5X11R2 | INDSM2-11R50X9R75 | INDSM2-12R2X12R2 | INDSM2-13R0X13R0 | INDSM2-13R3X12R9 | INDSM2-13R7X12R9 |

211

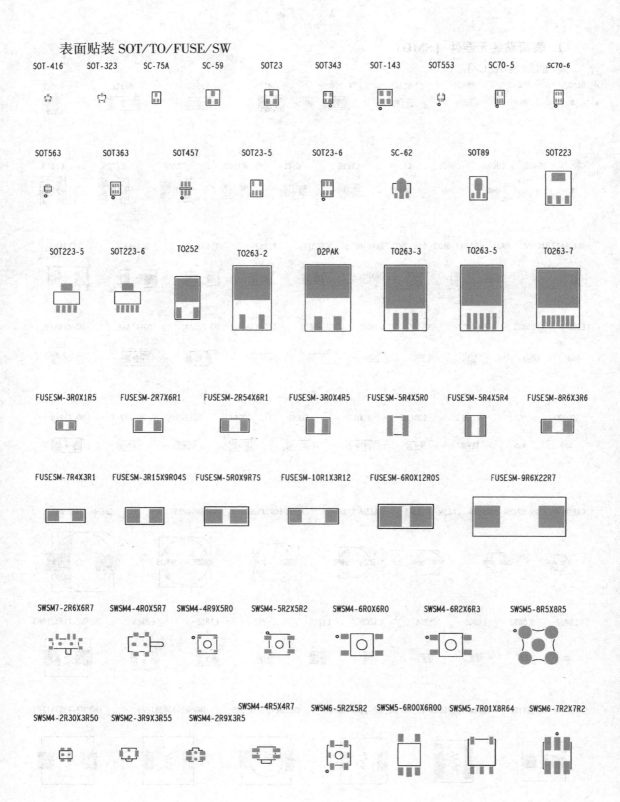

SOT-416　SOT-323　SC-75A　SC-59　SOT23　SOT343　SOT-143　SOT553　SC70-5　SC70-6

SOT563　SOT363　SOT457　SOT23-5　SOT23-6　SC-62　SOT89　SOT223

SOT223-5　SOT223-6　TO252　TO263-2　D2PAK　TO263-3　TO263-5　TO263-7

FUSESM-3R0X1R5　FUSESM-2R7X6R1　FUSESM-2R54X6R1　FUSESM-3R0X4R5　FUSESM-5R4X5R0　FUSESM-5R4X5R4　FUSESM-8R6X3R6

FUSESM-7R4X3R1　FUSESM-3R15X9R04S　FUSESM-5R0X9R7S　FUSESM-10R1X3R12　FUSESM-6R0X12R0S　FUSESM-9R6X22R7

SWSM7-2R6X6R7　SWSM4-4R0X5R7　SWSM4-4R9X5R0　SWSM4-5R2X5R2　SWSM4-6R0X6R0　SWSM4-6R2X6R3　SWSM5-8R5X8R5

SWSM4-2R30X3R50　SWSM2-3R9X3R55　SWSM4-2R9X3R5　SWSM4-4R5X4R7　SWSM6-5R2X5R2　SWSM5-6R00X6R00　SWSM5-7R01X8R64　SWSM6-7R2X7R2

表面贴装晶振 XTLO

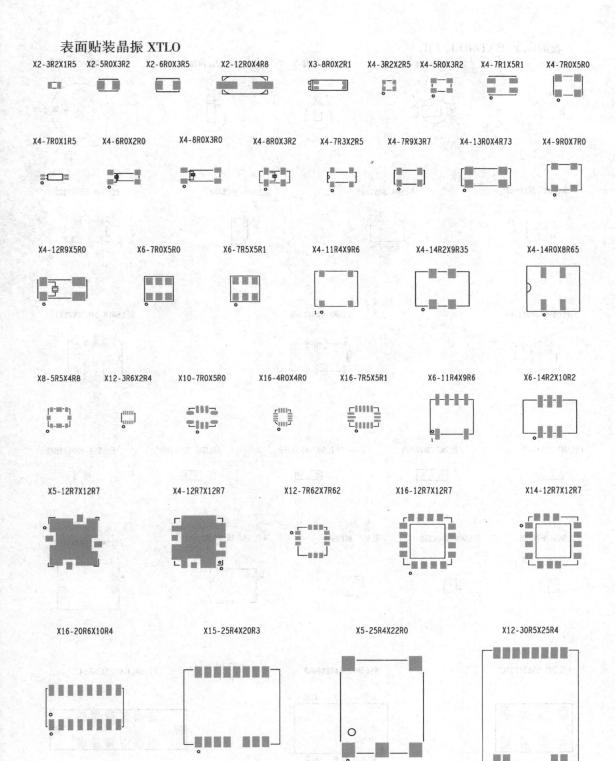

X2-3R2X1R5 X2-5R0X3R2 X2-6R0X3R5 X2-12R0X4R8 X3-8R0X2R1 X4-3R2X2R5 X4-5R0X3R2 X4-7R1X5R1 X4-7R0X5R0

X4-7R0X1R5 X4-6R0X2R0 X4-8R0X3R0 X4-8R0X3R2 X4-7R3X2R5 X4-7R9X3R7 X4-13R0X4R73 X4-9R0X7R0

X4-12R9X5R0 X6-7R0X5R0 X6-7R5X5R1 X4-11R4X9R6 X4-14R2X9R35 X4-14R0X8R65

X8-5R5X4R8 X12-3R6X2R4 X10-7R0X5R0 X16-4R0X4R0 X16-7R5X5R1 X6-11R4X9R6 X6-14R2X10R2

X5-12R7X12R7 X4-12R7X12R7 X12-7R62X7R62 X16-12R7X12R7 X14-12R7X12R7

X16-20R6X10R4 X15-25R4X20R3 X5-25R4X22R0 X12-30R5X25R4

213

表面贴装 BAT/REL/FIL

BATSM2-C4R8

BATSM2-C6R8-V

BATSM2-C6R8-R

BATSM2-C7R70

BATSM2-C13R0

BATSM3-7R5X4R3

RECSM4-6R5X8R5

RELSM4-3R9X4R4

RELSM8-5R7X10R6

RELSM8-6R5X10R6

RELSM8-7R4X15R0

RELSM10-14R30X9R30

FILSM3-3R2X1R8

FILSM3-3R2X4R5

FILSM3-4R5X1R8

FILSM3-3R5X1R5

FILSM4-2R00X1R25

FILSM4-3R2X1R6

FILSM6-3R0X3R0

FILSM8-3R8X3R8

FILSM4-9R1X12R1

FILSM6-12R2X16R0

FILSM8-9R65X19R05

FILSM12-14R8X24R2

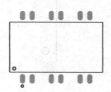

FILSM14-9R27X34R54

SOP 封装

MSOP8-20-118 MSOP10-20-118 TSSOP8-20-95 TSSOP8-26-118 TSSOP8-26-173 TSSOP10-20-118 TSSOP14-26-173 TSSOP16-25-173

TSSOP16-26-173 TSSOP20-26-173 TSSOP24-16-173 TSSOP24-26-173 TSSOP28-26-173 TSSOP28-26-236 TSSOP30-26-209 TSSOP32-26-240

TSSOP38-20-173 TSSOP38-26-240 TSSOP40-20-154 TSSOP48-16-173 TSSOP48-20-236 TSSOP56-20-236 TSSOP64-20-236

TSOP8-26-193 TSOP16-25-236 TSOP20-25-236 TSOP24-25-236 TSOP28-25-236 TSOP32-20-528 TSOP32-20-551

TSOP32-20-724 TSOP40-20-787 TSOP48-20-724 TSOP56-20-724 TSOP56-20-787

TSOP32-50-394 TSOP44-32-394 TSOP44-32-472 TSOP50-32-394

TSOP54-32-394 TSOP66-26-394 TSOP80-20-157 TSOP86-20-394

215

SOP/SOJ 封装

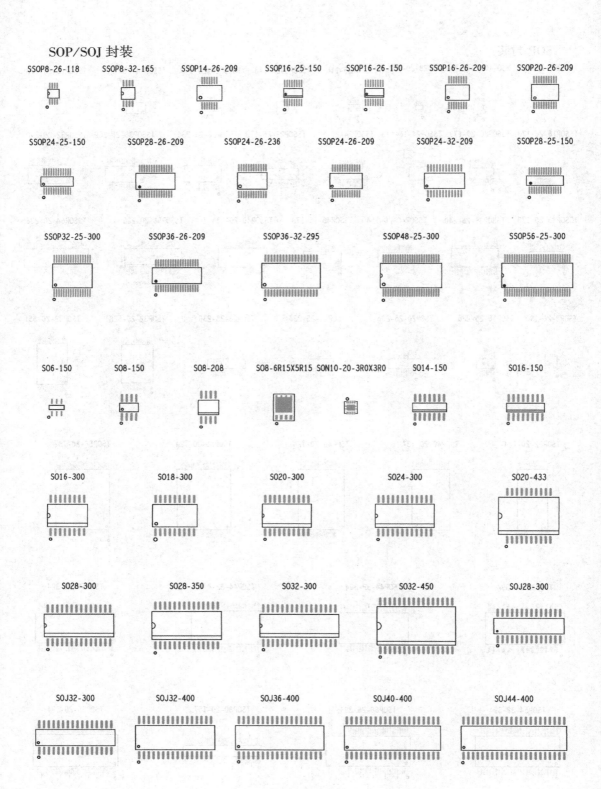

SSOP8-26-118　SSOP8-32-165　SSOP14-26-209　SSOP16-25-150　SSOP16-26-150　SSOP16-26-209　SSOP20-26-209

SSOP24-25-150　SSOP28-26-209　SSOP24-26-236　SSOP24-26-209　SSOP24-32-209　SSOP28-25-150

SSOP32-25-300　SSOP36-26-209　SSOP36-32-295　SSOP48-25-300　SSOP56-25-300

SO6-150　SO8-150　SO8-208　SO8-6R15X5R15　SON10-20-3R0X3R0　SO14-150　SO16-150

SO16-300　SO18-300　SO20-300　SO24-300　SO20-433

SO28-300　SO28-350　SO32-300　SO32-450　SOJ28-300

SOJ32-300　SOJ32-400　SOJ36-400　SOJ40-400　SOJ44-400

QFP 封装

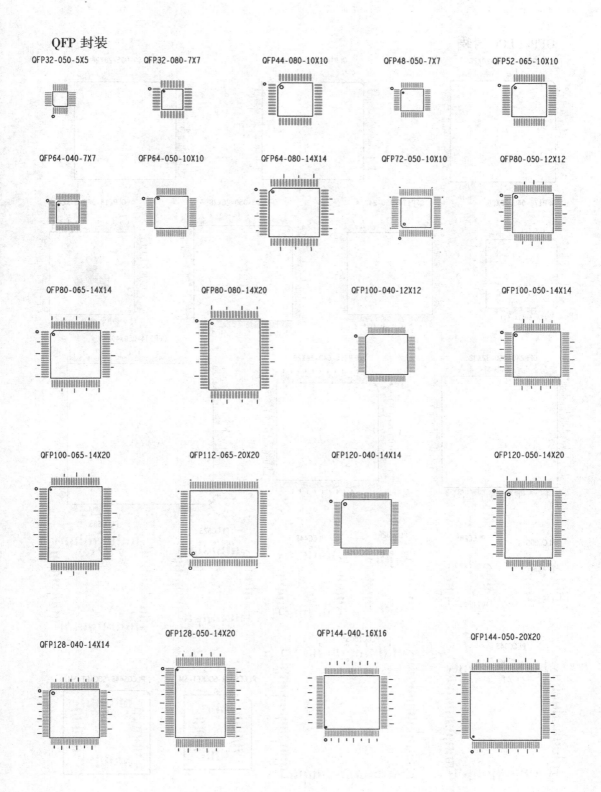

QFP32-050-5X5 QFP32-080-7X7 QFP44-080-10X10 QFP48-050-7X7 QFP52-065-10X10

QFP64-040-7X7 QFP64-050-10X10 QFP64-080-14X14 QFP72-050-10X10 QFP80-050-12X12

QFP80-065-14X14 QFP80-080-14X20 QFP100-040-12X12 QFP100-050-14X14

QFP100-065-14X20 QFP112-065-20X20 QFP120-040-14X14 QFP120-050-14X20

QFP128-040-14X14 QFP128-050-14X20 QFP144-040-16X16 QFP144-050-20X20

QFP/PLCC 封装

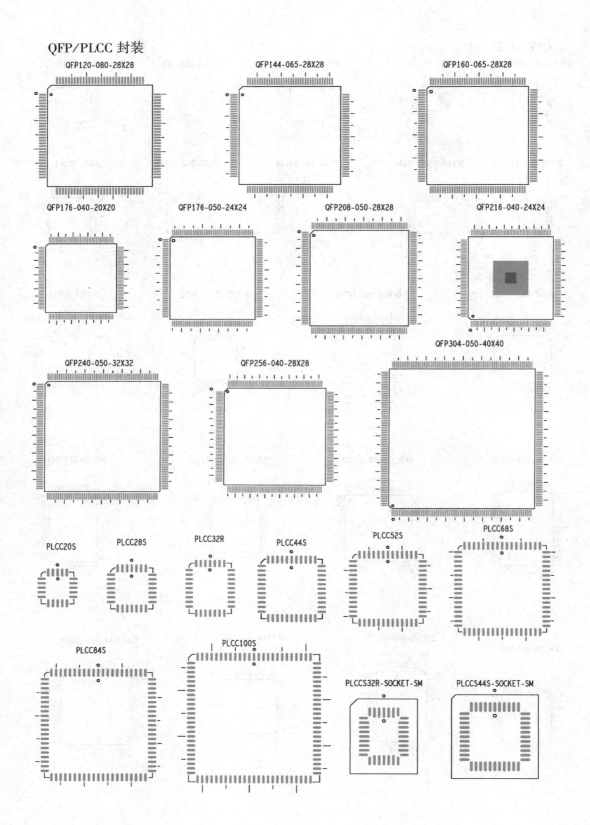

QFP120-080-28X28 QFP144-065-28X28 QFP160-065-28X28

QFP176-040-20X20 QFP176-050-24X24 QFP208-050-28X28 QFP216-040-24X24

QFP304-050-40X40

QFP240-050-32X32 QFP256-040-28X28

PLCC20S PLCC28S PLCC32R PLCC44S PLCC52S PLCC68S

PLCC84S PLCC100S

PLCCS32R-SOCKET-SM PLCCS44S-SOCKET-SM

DFN/QFN 封装

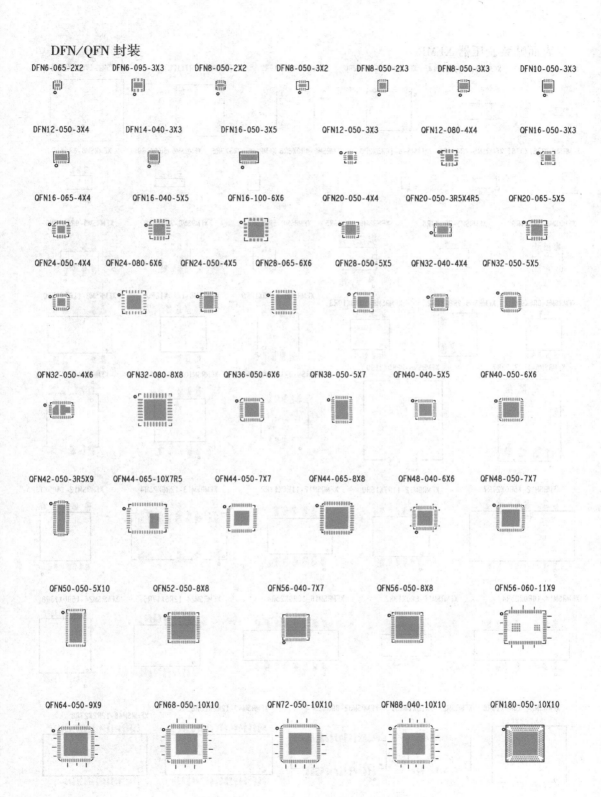

表面贴装变压器 XFMR

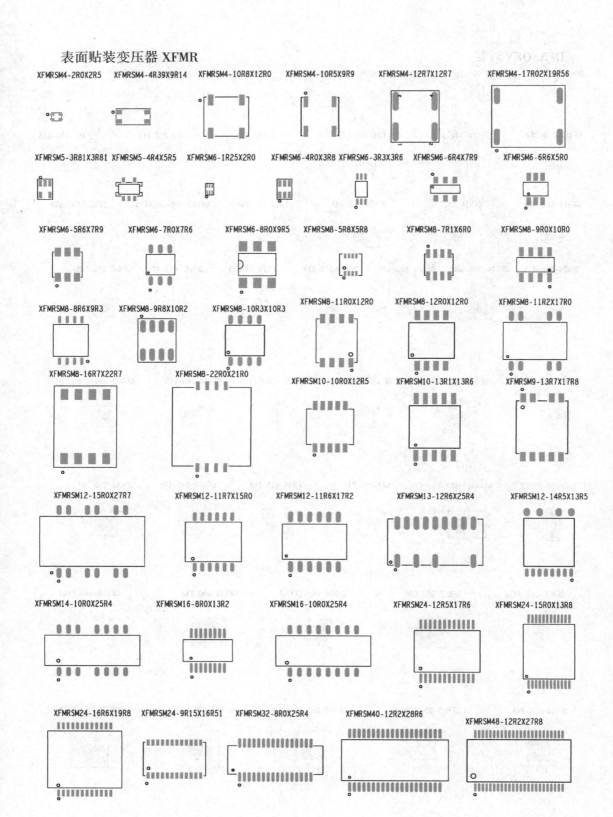

XFMRSM4-2R0X2R5　　XFMRSM4-4R39X9R14　　XFMRSM4-10R8X12R0　　XFMRSM4-10R5X9R9　　XFMRSM4-12R7X12R7　　XFMRSM4-17R02X19R56

XFMRSM5-3R81X3R81　XFMRSM5-4R4X5R5　　XFMRSM6-1R25X2R0　　XFMRSM6-4R0X3R8　XFMRSM6-3R3X3R6　　XFMRSM6-6R4X7R9　　XFMRSM6-6R6X5R0

XFMRSM6-5R6X7R9　　XFMRSM6-7R0X7R6　　XFMRSM6-8R0X9R5　　XFMRSM8-5R8X5R8　　XFMRSM8-7R1X6R0　　XFMRSM8-9R0X10R0

XFMRSM8-8R6X9R3　　XFMRSM8-9R8X10R2　　XFMRSM8-10R3X10R3　　XFMRSM8-11R0X12R0　　XFMRSM8-12R0X12R0　　XFMRSM8-11R2X17R0

XFMRSM8-16R7X22R7　　XFMRSM8-22R0X21R0　　XFMRSM10-10R0X12R5　　XFMRSM10-13R1X13R6　　XFMRSM9-13R7X17R8

XFMRSM12-15R0X27R7　　XFMRSM12-11R7X15R0　　XFMRSM12-11R6X17R2　　XFMRSM13-12R6X25R4　　XFMRSM12-14R5X13R5

XFMRSM14-10R0X25R4　　XFMRSM16-8R0X13R2　　XFMRSM16-10R0X25R4　　XFMRSM24-12R5X17R6　　XFMRSM24-15R0X13R8

XFMRSM24-16R6X19R8　　XFMRSM24-9R15X16R51　　XFMRSM32-8R0X25R4　　XFMRSM40-12R2X28R6　　XFMRSM48-12R2X27R8

BGA 封装

BGA6-0R65-1R2X1R8　BGA10-0R65-1R2X3R1　BGA25-0R50-2R5X2R5　　BGA47-0R50-3R8X4R0　　BGA48-0R50-4X4　　　　BGA56-0R65-4R5X7R0

BGA48-0R50-5X5　　BGA96-0R80-5R5X13R5　　BGA48-0R80-6X8　　　BGA54-0R75-6X8　　BGA84-0R50-6X6　　BGA95-0R50-6X6

BGA96-0R50-6X6　　BGA48-0R75-7X7　　BGA49-0R80-7X7　　BGA56-0R80-7X10　　BGA64-0R80-7X7　　BGA85-0R80-7X10

BGA144-0R50-7X7　　BGA56-0R80-7R2X9R1　　BGA48-0R75-8X9R5　　BGA48-0R80-8X10　　BGA54-0R80-8X8　　BGA54-0R80-8X12

BGA54-0R80-8X13　　BGA64-0R80-8X8　　BGA64-0R80-8X11R6　　BGA69-0R80-8X8　　BGA69-0R80-8X11　　BGA69-0R80-8X11R6

BGA73-0R80-8X11R6　　BGA84-0R80-8X11R6　　BGA84-0R80-8X14　　BGA88-0R80-8X11　　BGA90-0R80-8X13　　BGA121-0R65-8X8

BGA63-0R80-8R5X13　　BGA48-0R75-9X11　　BGA48-0R75-9X12　　BGA60-1R00-9X16R5　　BGA63-0R80-9X11

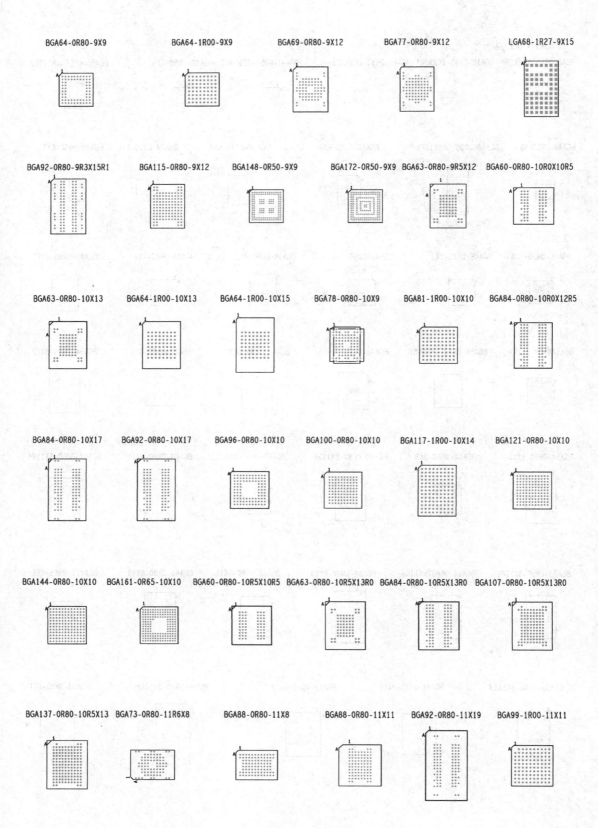

BGA64-0R80-9X9 BGA64-1R00-9X9 BGA69-0R80-9X12 BGA77-0R80-9X12 LGA68-1R27-9X15

BGA92-0R80-9R3X15R1 BGA115-0R80-9X12 BGA148-0R50-9X9 BGA172-0R50-9X9 BGA63-0R80-9R5X12 BGA60-0R80-10R0X10R5

BGA63-0R80-10X13 BGA64-1R00-10X13 BGA64-1R00-10X15 BGA78-0R80-10X9 BGA81-1R00-10X10 BGA84-0R80-10R0X12R5

BGA84-0R80-10X17 BGA92-0R80-10X17 BGA96-0R80-10X10 BGA100-0R80-10X10 BGA117-1R00-10X14 BGA121-0R80-10X10

BGA144-0R80-10X10 BGA161-0R65-10X10 BGA60-0R80-10R5X10R5 BGA63-0R80-10R5X13R0 BGA84-0R80-10R5X13R0 BGA107-0R80-10R5X13R0

BGA137-0R80-10R5X13 BGA73-0R80-11R6X8 BGA88-0R80-11X8 BGA88-0R80-11X11 BGA92-0R80-11X19 BGA99-1R00-11X11

222

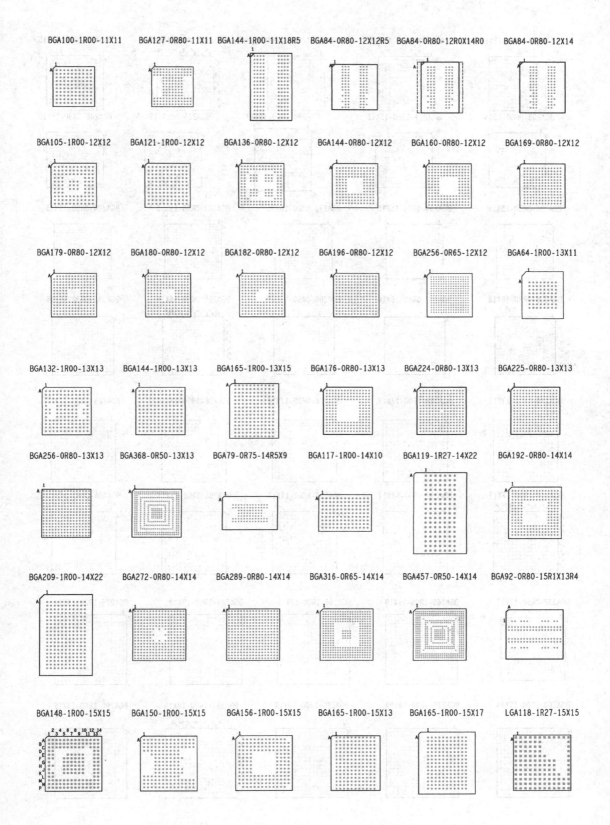

BGA100-1R00-11X11   BGA127-0R80-11X11   BGA144-1R00-11X18R5   BGA84-0R80-12X12R5   BGA84-0R80-12R0X14R0   BGA84-0R80-12X14

BGA105-1R00-12X12   BGA121-1R00-12X12   BGA136-0R80-12X12   BGA144-0R80-12X12   BGA160-0R80-12X12   BGA169-0R80-12X12

BGA179-0R80-12X12   BGA180-0R80-12X12   BGA182-0R80-12X12   BGA196-0R80-12X12   BGA256-0R65-12X12   BGA64-1R00-13X11

BGA132-1R00-13X13   BGA144-1R00-13X13   BGA165-1R00-13X15   BGA176-0R80-13X13   BGA224-0R80-13X13   BGA225-0R80-13X13

BGA256-0R80-13X13   BGA368-0R50-13X13   BGA79-0R75-14R5X9   BGA117-1R00-14X10   BGA119-1R27-14X22   BGA192-0R80-14X14

BGA209-1R00-14X22   BGA272-0R80-14X14   BGA289-0R80-14X14   BGA316-0R65-14X14   BGA457-0R50-14X14   BGA92-0R80-15R1X13R4

BGA148-1R00-15X15   BGA150-1R00-15X15   BGA156-1R00-15X15   BGA165-1R00-15X13   BGA165-1R00-15X17   LGA118-1R27-15X15

223

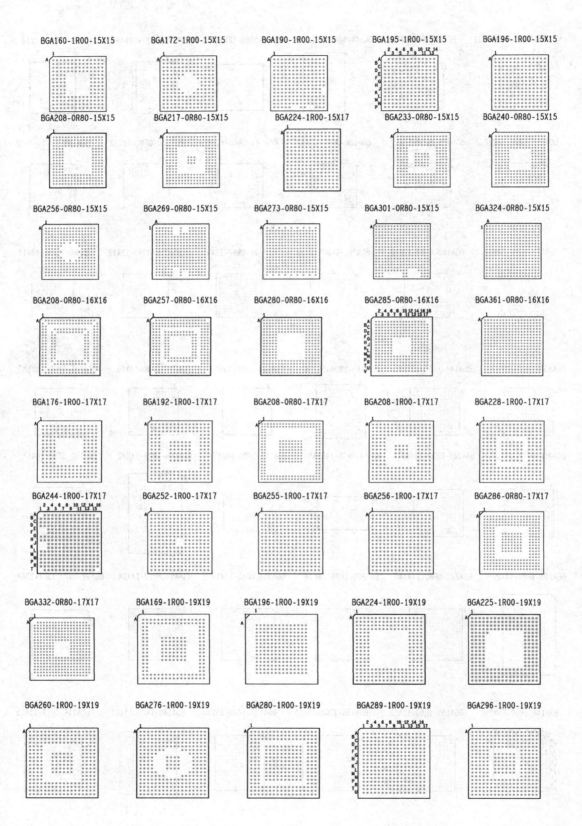

BGA160-1R00-15X15 · BGA172-1R00-15X15 · BGA190-1R00-15X15 · BGA195-1R00-15X15 · BGA196-1R00-15X15

BGA208-0R80-15X15 · BGA217-0R80-15X15 · BGA224-1R00-15X17 · BGA233-0R80-15X15 · BGA240-0R80-15X15

BGA256-0R80-15X15 · BGA269-0R80-15X15 · BGA273-0R80-15X15 · BGA301-0R80-15X15 · BGA324-0R80-15X15

BGA208-0R80-16X16 · BGA257-0R80-16X16 · BGA280-0R80-16X16 · BGA285-0R80-16X16 · BGA361-0R80-16X16

BGA176-1R00-17X17 · BGA192-1R00-17X17 · BGA208-0R80-17X17 · BGA208-1R00-17X17 · BGA228-1R00-17X17

BGA244-1R00-17X17 · BGA252-1R00-17X17 · BGA255-1R00-17X17 · BGA256-1R00-17X17 · BGA286-0R80-17X17

BGA332-0R80-17X17 · BGA169-1R00-19X19 · BGA196-1R00-19X19 · BGA224-1R00-19X19 · BGA225-1R00-19X19

BGA260-1R00-19X19 · BGA276-1R00-19X19 · BGA280-1R00-19X19 · BGA289-1R00-19X19 · BGA296-1R00-19X19

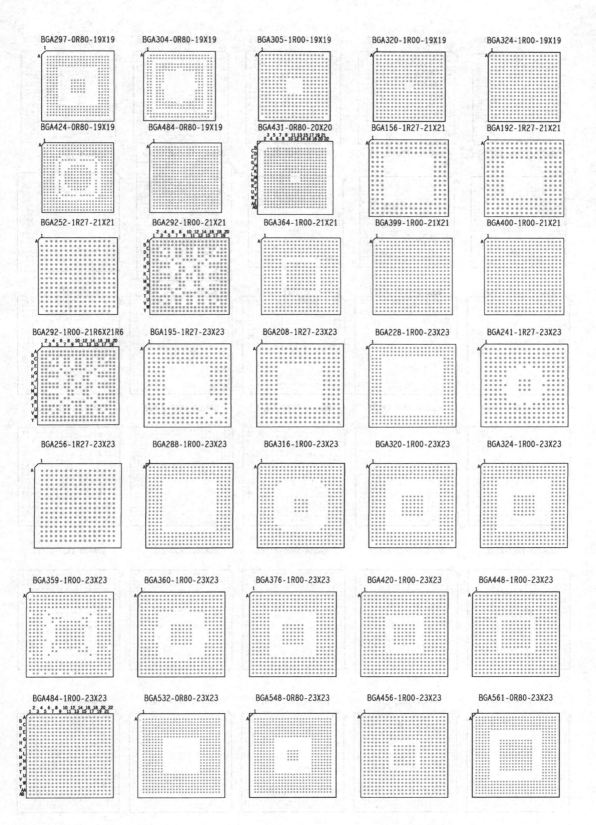

BGA297-0R80-19X19 　 BGA304-0R80-19X19 　 BGA305-1R00-19X19 　 BGA320-1R00-19X19 　 BGA324-1R00-19X19

BGA424-0R80-19X19 　 BGA484-0R80-19X19 　 BGA431-0R80-20X20 　 BGA156-1R27-21X21 　 BGA192-1R27-21X21

BGA252-1R27-21X21 　 BGA292-1R00-21X21 　 BGA364-1R00-21X21 　 BGA399-1R00-21X21 　 BGA400-1R00-21X21

BGA292-1R00-21R6X21R6 　 BGA195-1R27-23X23 　 BGA208-1R27-23X23 　 BGA228-1R00-23X23 　 BGA241-1R27-23X23

BGA256-1R27-23X23 　 BGA288-1R00-23X23 　 BGA316-1R00-23X23 　 BGA320-1R00-23X23 　 BGA324-1R00-23X23

BGA359-1R00-23X23 　 BGA360-1R00-23X23 　 BGA376-1R00-23X23 　 BGA420-1R00-23X23 　 BGA448-1R00-23X23

BGA484-1R00-23X23 　 BGA532-0R80-23X23 　 BGA548-0R80-23X23 　 BGA456-1R00-23X23 　 BGA561-0R80-23X23

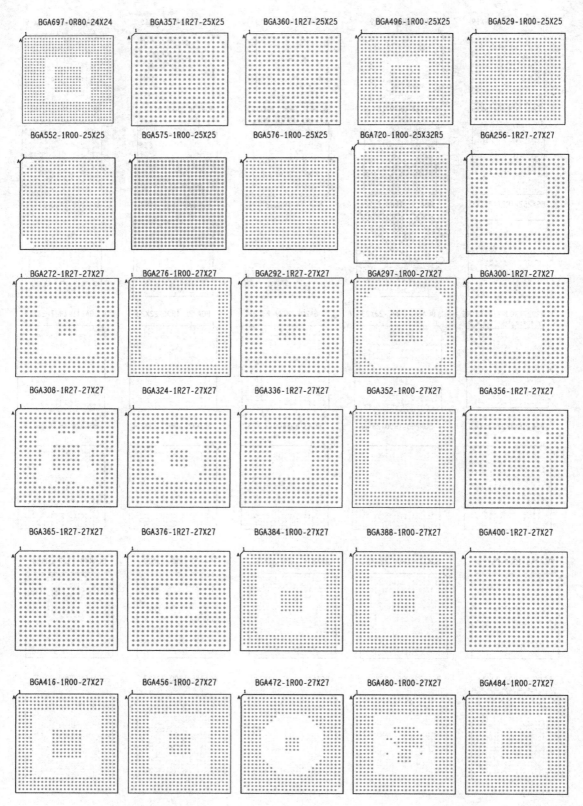

BGA697-0R80-24X24 · BGA357-1R27-25X25 · BGA360-1R27-25X25 · BGA496-1R00-25X25 · BGA529-1R00-25X25

BGA552-1R00-25X25 · BGA575-1R00-25X25 · BGA576-1R00-25X25 · BGA720-1R00-25X32R5 · BGA256-1R27-27X27

BGA272-1R27-27X27 · BGA276-1R00-27X27 · BGA292-1R27-27X27 · BGA297-1R00-27X27 · BGA300-1R27-27X27

BGA308-1R27-27X27 · BGA324-1R27-27X27 · BGA336-1R27-27X27 · BGA352-1R00-27X27 · BGA356-1R27-27X27

BGA365-1R27-27X27 · BGA376-1R27-27X27 · BGA384-1R00-27X27 · BGA388-1R00-27X27 · BGA400-1R27-27X27

BGA416-1R00-27X27 · BGA456-1R00-27X27 · BGA472-1R00-27X27 · BGA480-1R00-27X27 · BGA484-1R00-27X27

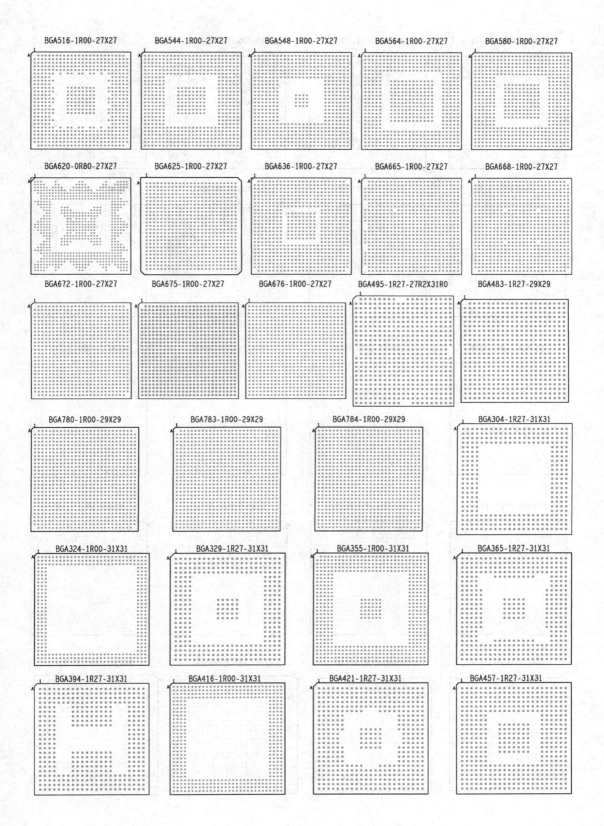

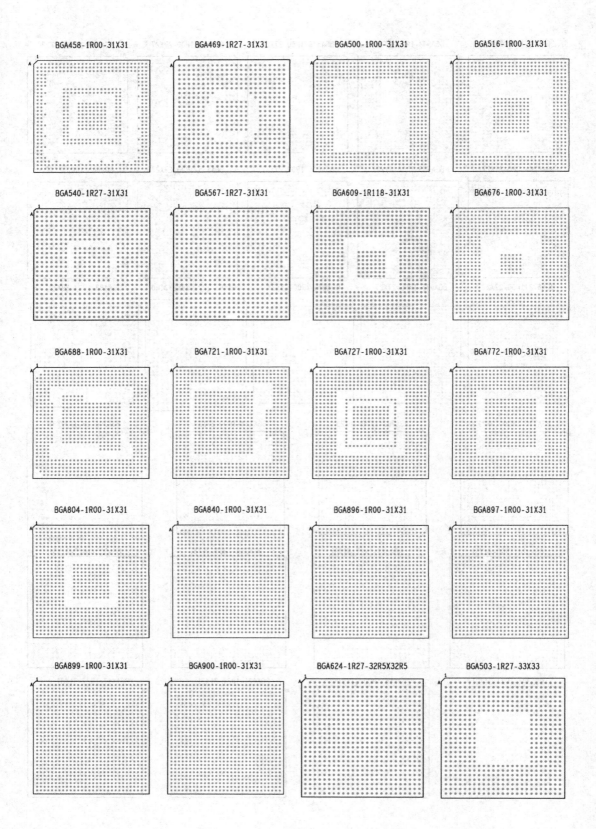

BGA458-1R00-31X31 BGA469-1R27-31X31 BGA500-1R00-31X31 BGA516-1R00-31X31

BGA540-1R27-31X31 BGA567-1R27-31X31 BGA609-1R118-31X31 BGA676-1R00-31X31

BGA688-1R00-31X31 BGA721-1R00-31X31 BGA727-1R00-31X31 BGA772-1R00-31X31

BGA804-1R00-31X31 BGA840-1R00-31X31 BGA896-1R00-31X31 BGA897-1R00-31X31

BGA899-1R00-31X31 BGA900-1R00-31X31 BGA624-1R27-32R5X32R5 BGA503-1R27-33X33

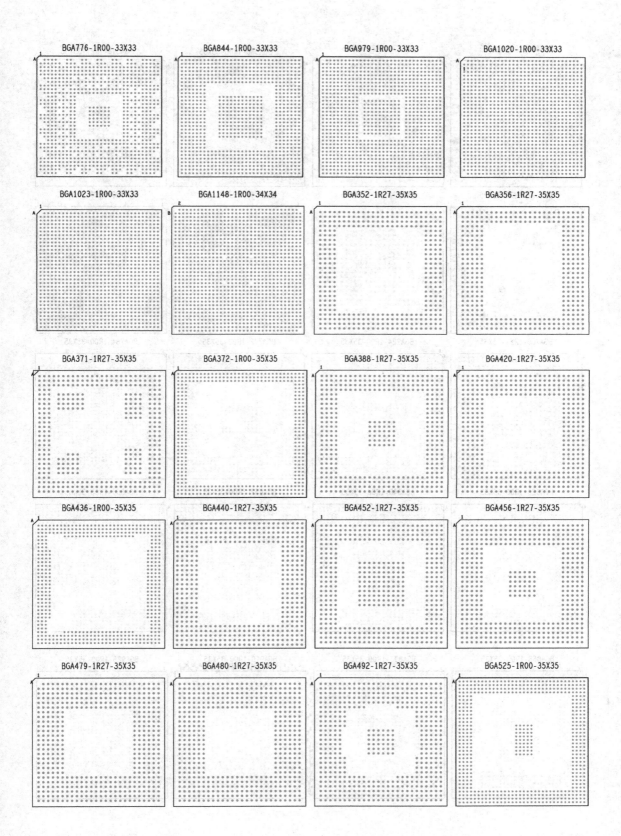

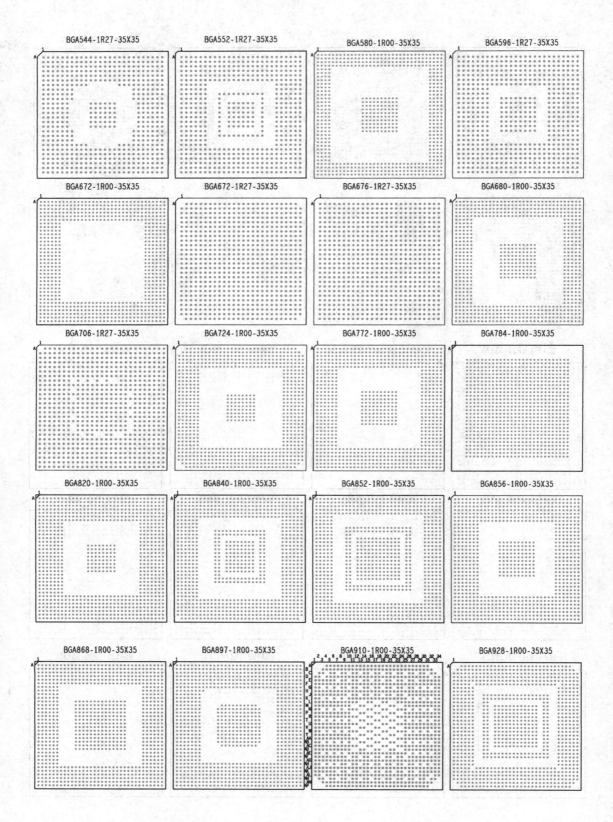

BGA544-1R27-35X35 BGA552-1R27-35X35 BGA580-1R00-35X35 BGA596-1R27-35X35

BGA672-1R00-35X35 BGA672-1R27-35X35 BGA676-1R27-35X35 BGA680-1R00-35X35

BGA706-1R27-35X35 BGA724-1R00-35X35 BGA772-1R00-35X35 BGA784-1R00-35X35

BGA820-1R00-35X35 BGA840-1R00-35X35 BGA852-1R00-35X35 BGA856-1R00-35X35

BGA868-1R00-35X35 BGA897-1R00-35X35 BGA910-1R00-35X35 BGA928-1R00-35X35

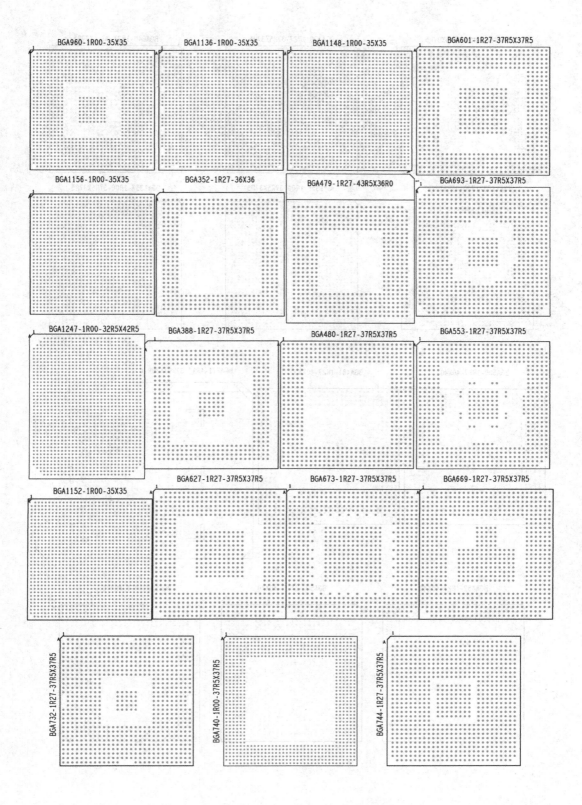

BGA960-1R00-35X35 BGA1136-1R00-35X35 BGA1148-1R00-35X35 BGA601-1R27-37R5X37R5

BGA1156-1R00-35X35 BGA352-1R27-36X36 BGA479-1R27-43R5X36R0 BGA693-1R27-37R5X37R5

BGA1247-1R00-32R5X42R5 BGA388-1R27-37R5X37R5 BGA480-1R27-37R5X37R5 BGA553-1R27-37R5X37R5

BGA1152-1R00-35X35 BGA627-1R27-37R5X37R5 BGA673-1R27-37R5X37R5 BGA669-1R27-37R5X37R5

BGA732-1R27-37R5X37R5 BGA740-1R00-37R5X37R5 BGA744-1R27-37R5X37R5

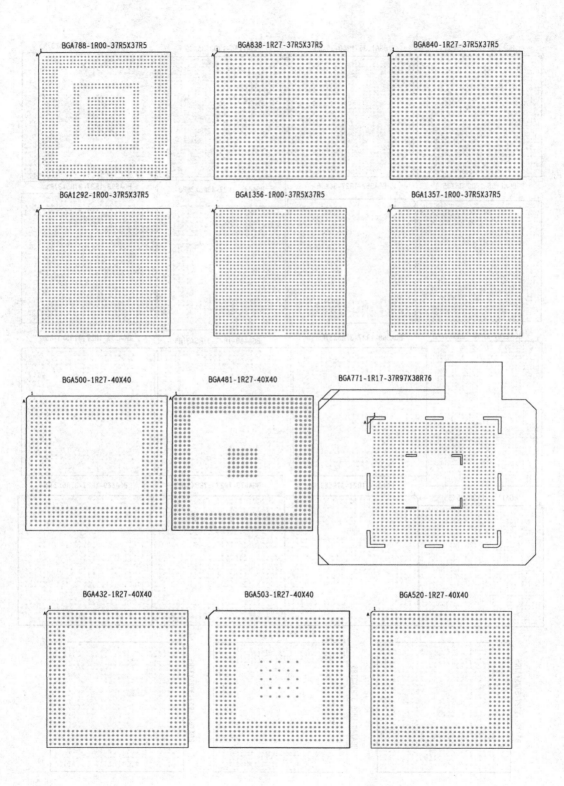

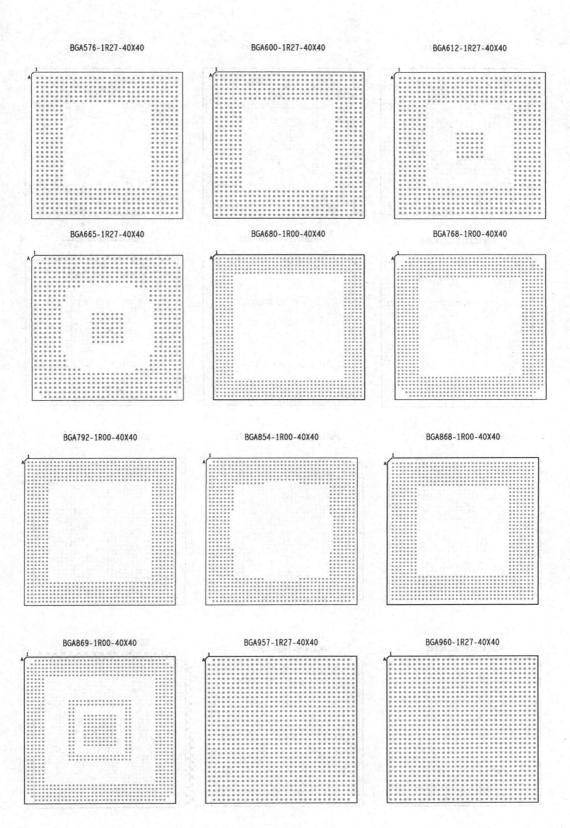

BGA576-1R27-40X40   BGA600-1R27-40X40   BGA612-1R27-40X40

BGA665-1R27-40X40   BGA680-1R00-40X40   BGA768-1R00-40X40

BGA792-1R00-40X40   BGA854-1R00-40X40   BGA868-1R00-40X40

BGA869-1R00-40X40   BGA957-1R27-40X40   BGA960-1R27-40X40

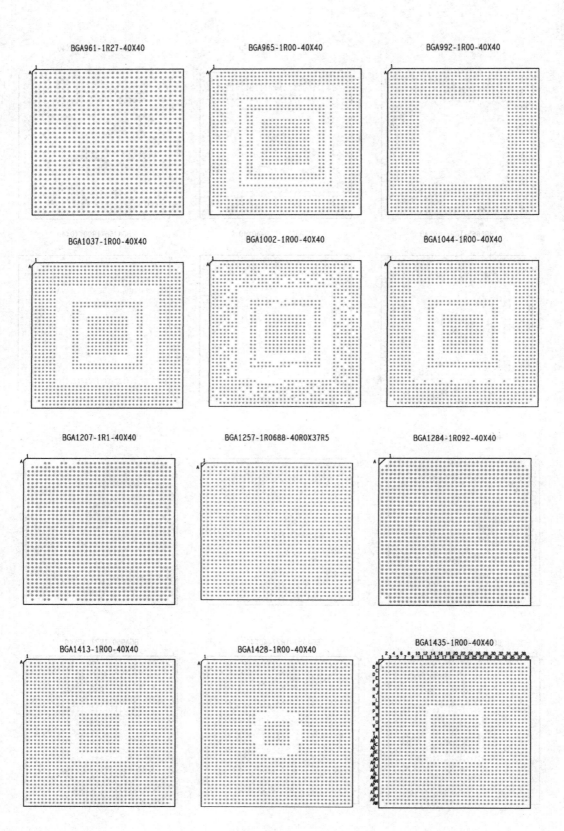

BGA961-1R27-40X40   BGA965-1R00-40X40   BGA992-1R00-40X40

BGA1037-1R00-40X40   BGA1002-1R00-40X40   BGA1044-1R00-40X40

BGA1207-1R1-40X40   BGA1257-1R0688-40R0X37R5   BGA1284-1R092-40X40

BGA1413-1R00-40X40   BGA1428-1R00-40X40   BGA1435-1R00-40X40

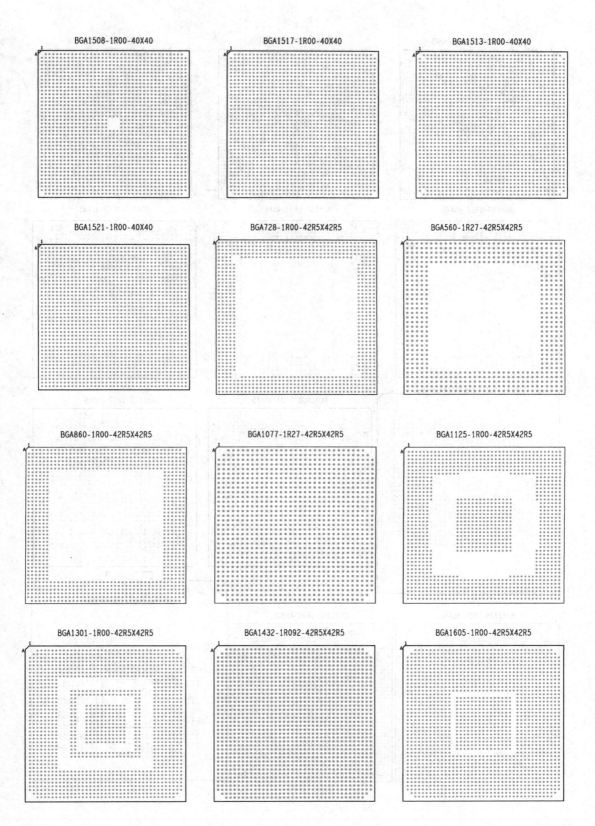

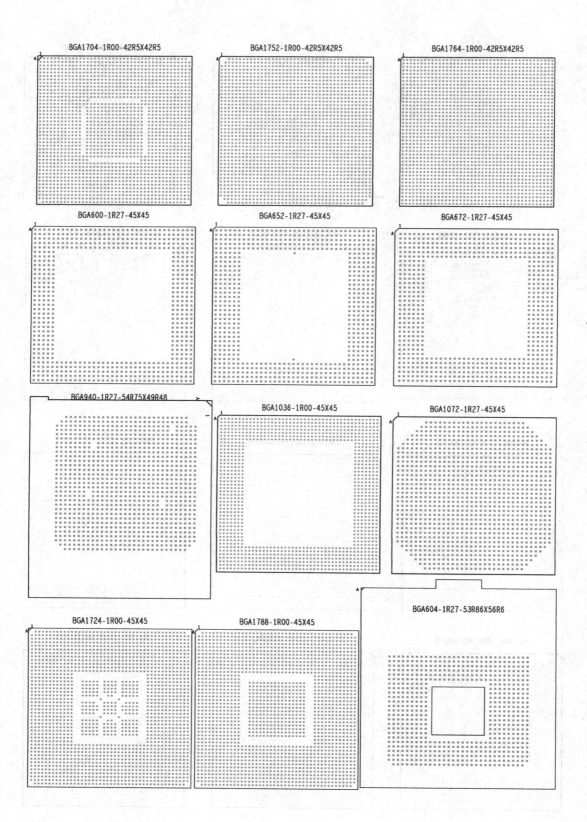

BGA1704-1R00-42R5X42R5   BGA1752-1R00-42R5X42R5   BGA1764-1R00-42R5X42R5

BGA600-1R27-45X45   BGA652-1R27-45X45   BGA672-1R27-45X45

BGA940-1R27-54R75X49R48   BGA1036-1R00-45X45   BGA1072-1R27-45X45

BGA1724-1R00-45X45   BGA1788-1R00-45X45   BGA604-1R27-53R86X56R6

2. 通孔插装元器件（THD）

通孔插装 DR/DC

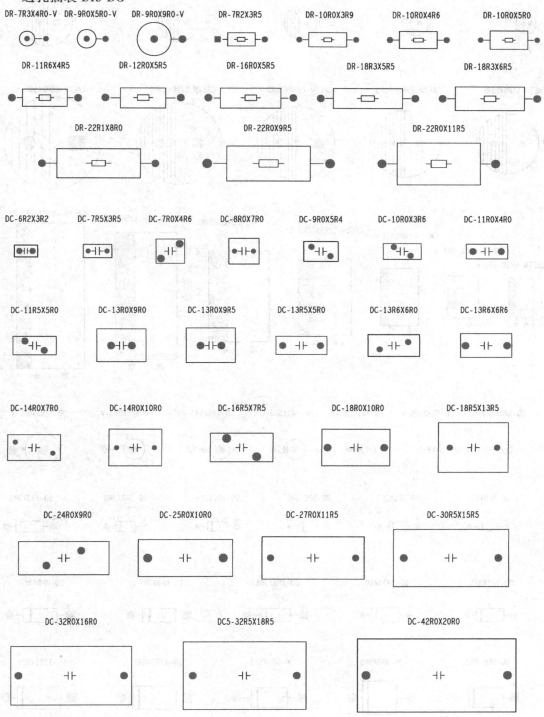

DR-7R3X4R0-V DR-9R0X5R0-V DR-9R0X9R0-V   DR-7R2X3R5   DR-10R0X3R9   DR-10R0X4R6   DR-10R0X5R0

DR-11R6X4R5   DR-12R0X5R5   DR-16R0X5R5   DR-18R3X5R5   DR-18R3X6R5

DR-22R1X8R0   DR-22R0X9R5   DR-22R0X11R5

DC-6R2X3R2   DC-7R5X3R5   DC-7R0X4R6   DC-8R0X7R0   DC-9R0X5R4   DC-10R0X3R6   DC-11R0X4R0

DC-11R5X5R0   DC-13R0X9R0   DC-13R0X9R5   DC-13R5X5R0   DC-13R6X6R0   DC-13R6X6R6

DC-14R0X7R0   DC-14R0X10R0   DC-16R5X7R5   DC-18R0X10R0   DC-18R5X13R5

DC-24R0X9R0   DC-25R0X10R0   DC-27R0X11R5   DC-30R5X15R5

DC-32R0X16R0   DC5-32R5X18R5   DC-42R0X20R0

237

通孔插装 CAE/DD

CAETM-5R0X11R0   CAETM-6R3X11R0   CAETM-8R0X11R5   CAETM-10R0X16R0   CAETM-12R5X25

CAETM-16R0X25R0   CAETM-18R0X40R0   CAETM-20R0X40R0   CAETM-22R0X50R0   CAETM-25R0X50R0

CAETM-6R3X11R0-R   CAETM-8R0X12R0-R   CAETM-10R0X16R0-R   CAETM-12R5X20R0-R   CAETM-16R0X25R0-R   CAETM-16R5X35R0-R   CAETM-18R0X40R0-R

DD-5R0X2R5-V   DD-7R3X3R0-V   DD-7R3X3R5-V   DD-9R0X5R3-V   DD-9R5X5R3-V   DD-9R5X5R5-V   DD-12R5X9R0-V

DD-5R0X2R0   DD-5R0X2R5   DD-5R0X3R0   DD-5R1X2R6   DD-5R8X2R8   DD-7R3X3R0

DD-7R3X3R5   DD-7R3X4R0   DD-7R8X3R6   DD-8R8X3R7   DD-9R0X3R7

DD-9R0X5R3   DD-9R0X9R0   DD-9R5X5R3   DD-11R5X6R2   DD-11R5X5R8

通孔插装 IND/LED

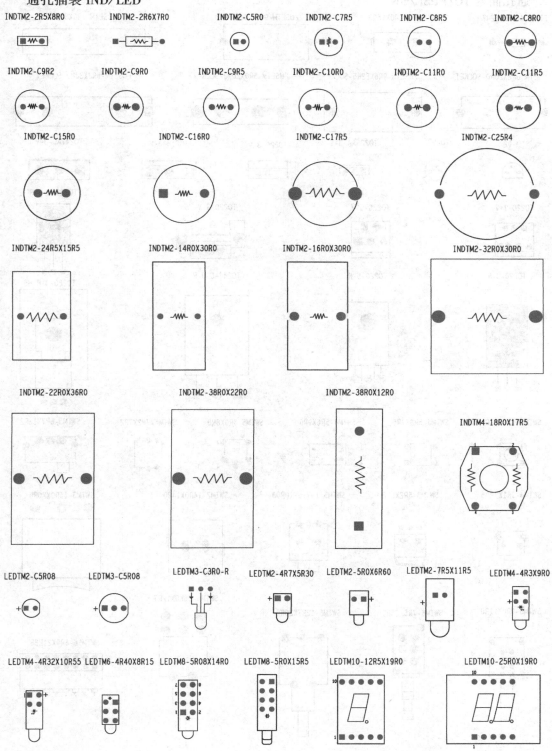

INDTM2-2R5X8R0   INDTM2-2R6X7R0   INDTM2-C5R0   INDTM2-C7R5   INDTM2-C8R5   INDTM2-C8R0

INDTM2-C9R2   INDTM2-C9R0   INDTM2-C9R5   INDTM2-C10R0   INDTM2-C11R0   INDTM2-C11R5

INDTM2-C15R0   INDTM2-C16R0   INDTM2-C17R5   INDTM2-C25R4

INDTM2-24R5X15R5   INDTM2-14R0X30R0   INDTM2-16R0X30R0   INDTM2-32R0X30R0

INDTM2-22R0X36R0   INDTM2-38R0X22R0   INDTM2-38R0X12R0   INDTM4-18R0X17R5

LEDTM2-C5R08   LEDTM3-C5R08   LEDTM3-C3R0-R   LEDTM2-4R7X5R30   LEDTM2-5R0X6R60   LEDTM2-7R5X11R5   LEDTM4-4R3X9R0

LEDTM4-4R32X10R55   LEDTM6-4R40X8R15   LEDTM8-5R08X14R0   LEDTM8-5R0X15R5   LEDTM10-12R5X19R0   LEDTM10-25R0X19R0

239

通孔插装 TO/FUSE/SW

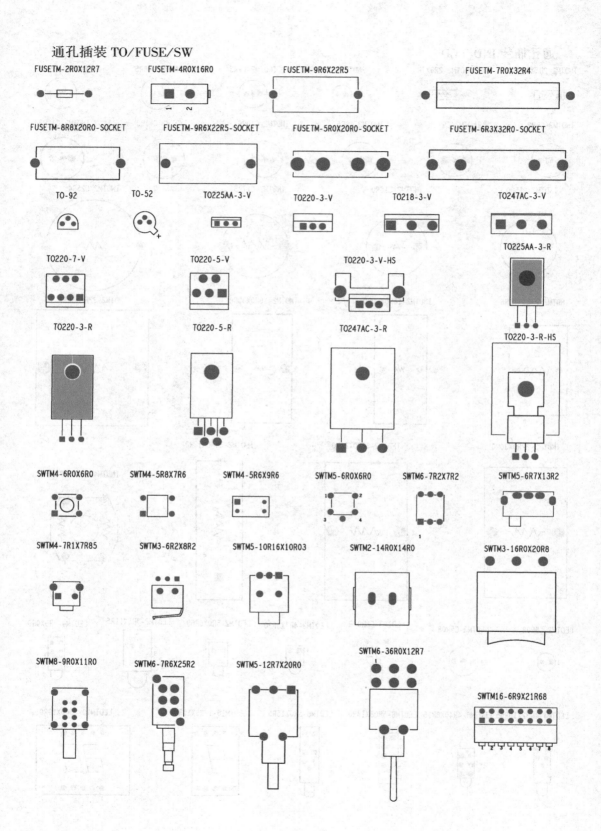

FUSETM-2R0X12R7 FUSETM-4R0X16R0 FUSETM-9R6X22R5 FUSETM-7R0X32R4

FUSETM-8R8X20R0-SOCKET FUSETM-9R6X22R5-SOCKET FUSETM-5R0X20R0-SOCKET FUSETM-6R3X32R0-SOCKET

TO-92 TO-52 TO225AA-3-V TO220-3-V TO218-3-V TO247AC-3-V

TO220-7-V TO220-5-V TO220-3-V-HS TO225AA-3-R

TO220-3-R TO220-5-R TO247AC-3-R TO220-3-R-HS

SWTM4-6R0X6R0 SWTM4-5R8X7R6 SWTM4-5R6X9R6 SWTM5-6R0X6R0 SWTM6-7R2X7R2 SWTM5-6R7X13R2

SWTM4-7R1X7R85 SWTM3-6R2X8R2 SWTM5-10R16X10R03 SWTM2-14R0X14R0 SWTM3-16R0X20R8

SWTM8-9R0X11R0 SWTM6-7R6X25R2 SWTM5-12R7X20R0 SWTM6-36R0X12R7 SWTM16-6R9X21R68

240

通孔插装晶振 XTLO

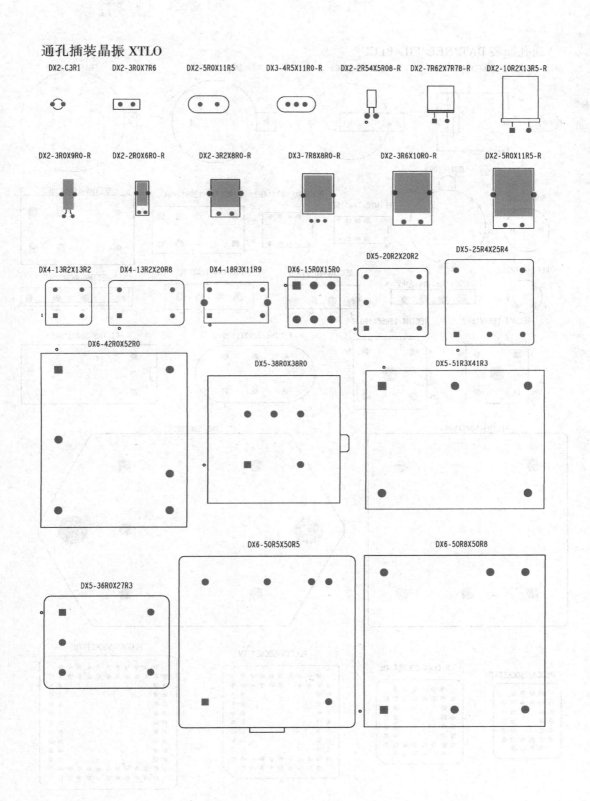

DX2-C3R1 DX2-3R0X7R6 DX2-5R0X11R5 DX3-4R5X11R0-R DX2-2R54X5R08-R DX2-7R62X7R78-R DX2-10R2X13R5-R

DX2-3R0X9R0-R DX2-2R0X6R0-R DX2-3R2X8R0-R DX3-7R8X8R0-R DX2-3R6X10R0-R DX2-5R0X11R5-R

DX4-13R2X13R2 DX4-13R2X20R8 DX4-18R3X11R9 DX6-15R0X15R0 DX5-20R2X20R2 DX5-25R4X25R4

DX6-42R0X52R0 DX5-38R0X38R0 DX5-51R3X41R3

DX5-36R0X27R3 DX6-50R5X50R5 DX6-50R8X50R8

通孔插装 BAT/REL/FIL/PLCC

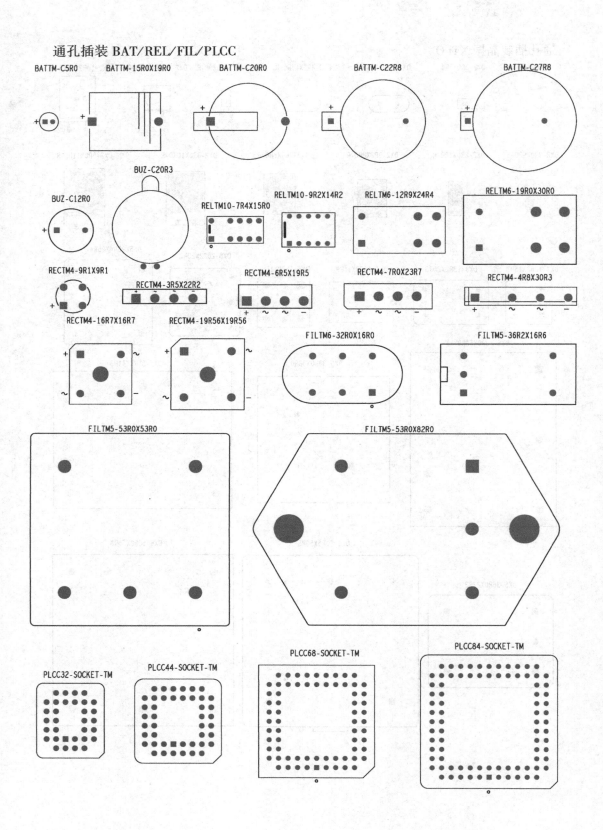

BATTM-C5R0   BATTM-15R0X19R0   BATTM-C20R0   BATTM-C22R8   BATTM-C27R8

BUZ-C12R0   BUZ-C20R3   RELTM10-7R4X15R0   RELTM10-9R2X14R2   RELTM6-12R9X24R4   RELTM6-19R0X30R0

RECTM4-9R1X9R1   RECTM4-3R5X22R2   RECTM4-6R5X19R5   RECTM4-7R0X23R7   RECTM4-4R8X30R3

RECTM4-16R7X16R7   RECTM4-19R56X19R56   FILTM6-32R0X16R0   FILTM5-36R2X16R6

FILTM5-53R0X53R0   FILTM5-53R0X82R0

PLCC32-SOCKET-TM   PLCC44-SOCKET-TM   PLCC68-SOCKET-TM   PLCC84-SOCKET-TM

242

通孔插装变压器 XFMR

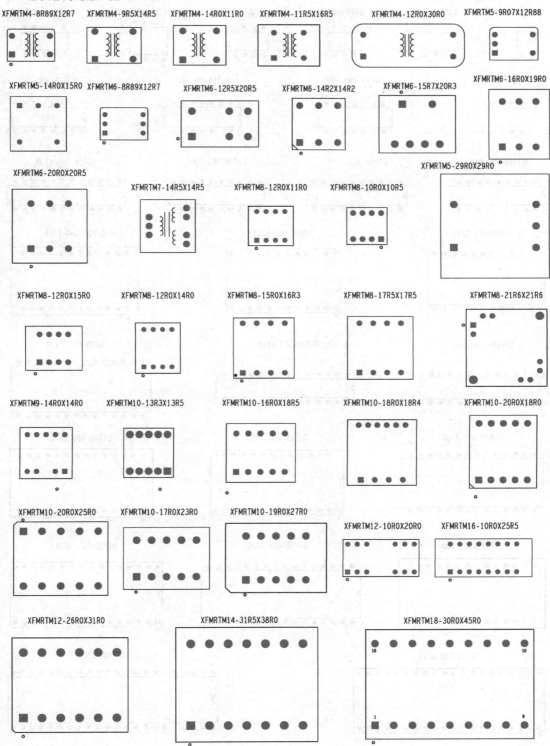

XFMRTM4-8R89X12R7 XFMRTM4-9R5X14R5 XFMRTM4-14R0X11R0 XFMRTM4-11R5X16R5 XFMRTM4-12R0X30R0 XFMRTM5-9R07X12R88

XFMRTM5-14R0X15R0 XFMRTM6-8R89X12R7 XFMRTM6-12R5X20R5 XFMRTM6-14R2X14R2 XFMRTM6-15R7X20R3 XFMRTM6-16R0X19R0

XFMRTM6-20R0X20R5 XFMRTM7-14R5X14R5 XFMRTM8-12R0X11R0 XFMRTM8-10R0X10R5 XFMRTM5-29R0X29R0

XFMRTM8-12R0X15R0 XFMRTM8-12R0X14R0 XFMRTM8-15R0X16R3 XFMRTM8-17R5X17R5 XFMRTM8-21R6X21R6

XFMRTM9-14R0X14R0 XFMRTM10-13R3X13R5 XFMRTM10-16R0X18R5 XFMRTM10-18R0X18R4 XFMRTM10-20R0X18R0

XFMRTM10-20R0X25R0 XFMRTM10-17R0X23R0 XFMRTM10-19R0X27R0 XFMRTM12-10R0X20R0 XFMRTM16-10R0X25R5

XFMRTM12-26R0X31R0 XFMRTM14-31R5X38R0 XFMRTM18-30R0X45R0

DIP 封装

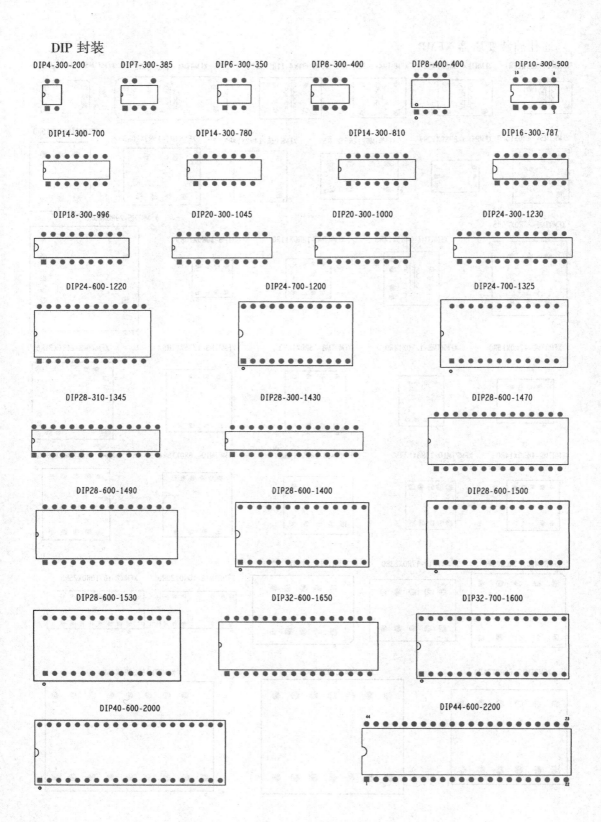

DIP4-300-200 DIP7-300-385 DIP6-300-350 DIP8-300-400 DIP8-400-400 DIP10-300-500

DIP14-300-700 DIP14-300-780 DIP14-300-810 DIP16-300-787

DIP18-300-996 DIP20-300-1045 DIP20-300-1000 DIP24-300-1230

DIP24-600-1220 DIP24-700-1200 DIP24-700-1325

DIP28-310-1345 DIP28-300-1430 DIP28-600-1470

DIP28-600-1490 DIP28-600-1400 DIP28-600-1500

DIP28-600-1530 DIP32-600-1650 DIP32-700-1600

DIP40-600-2000 DIP44-600-2200

244

SIP 封装

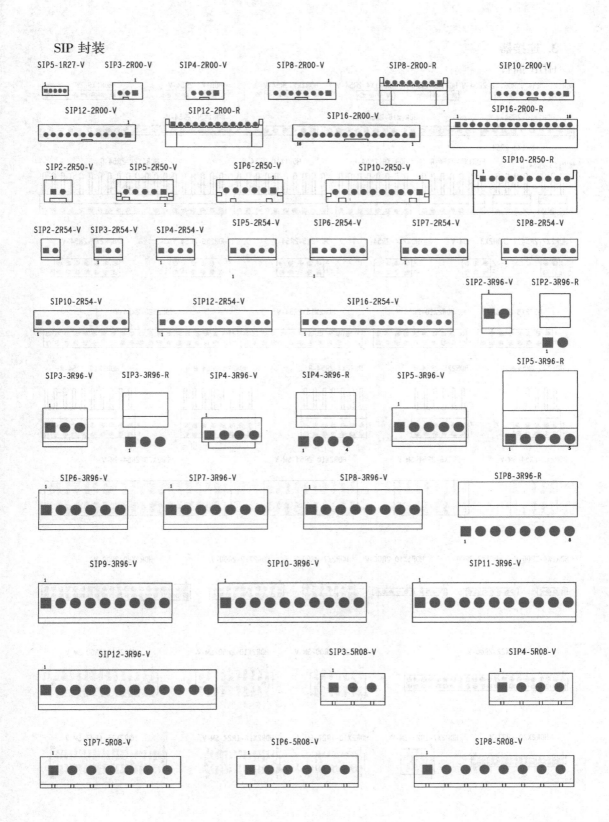

3. 连接器

HDR 插针

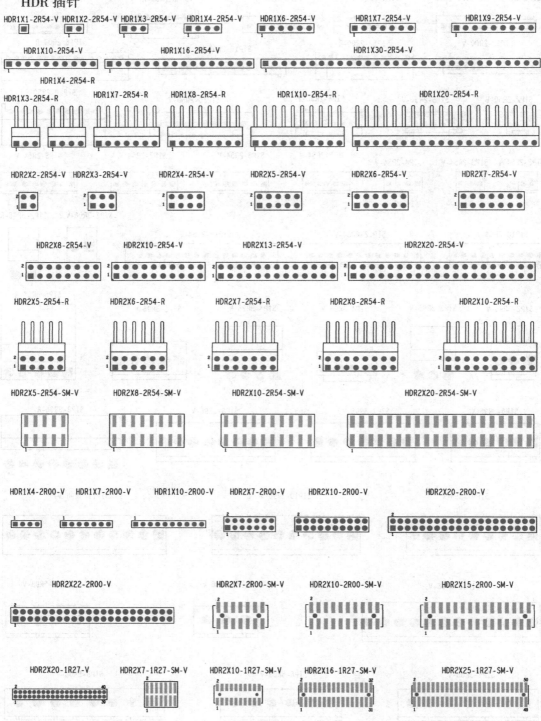

HDR1X1-2R54-V HDR1X2-2R54-V HDR1X3-2R54-V HDR1X4-2R54-V HDR1X6-2R54-V HDR1X7-2R54-V HDR1X9-2R54-V

HDR1X10-2R54-V HDR1X16-2R54-V HDR1X30-2R54-V

HDR1X4-2R54-R

HDR1X3-2R54-R HDR1X7-2R54-R HDR1X8-2R54-R HDR1X10-2R54-R HDR1X20-2R54-R

HDR2X2-2R54-V HDR2X3-2R54-V HDR2X4-2R54-V HDR2X5-2R54-V HDR2X6-2R54-V HDR2X7-2R54-V

HDR2X8-2R54-V HDR2X10-2R54-V HDR2X13-2R54-V HDR2X20-2R54-V

HDR2X5-2R54-R HDR2X6-2R54-R HDR2X7-2R54-R HDR2X8-2R54-R HDR2X10-2R54-R

HDR2X5-2R54-SM-V HDR2X8-2R54-SM-V HDR2X10-2R54-SM-V HDR2X20-2R54-SM-V

HDR1X4-2R00-V HDR1X7-2R00-V HDR1X10-2R00-V HDR2X7-2R00-V HDR2X10-2R00-V HDR2X20-2R00-V

HDR2X22-2R00-V HDR2X7-2R00-SM-V HDR2X10-2R00-SM-V HDR2X15-2R00-SM-V

HDR2X20-1R27-V HDR2X7-1R27-SM-V HDR2X10-1R27-SM-V HDR2X16-1R27-SM-V HDR2X25-1R27-SM-V

246

IDC 连接器

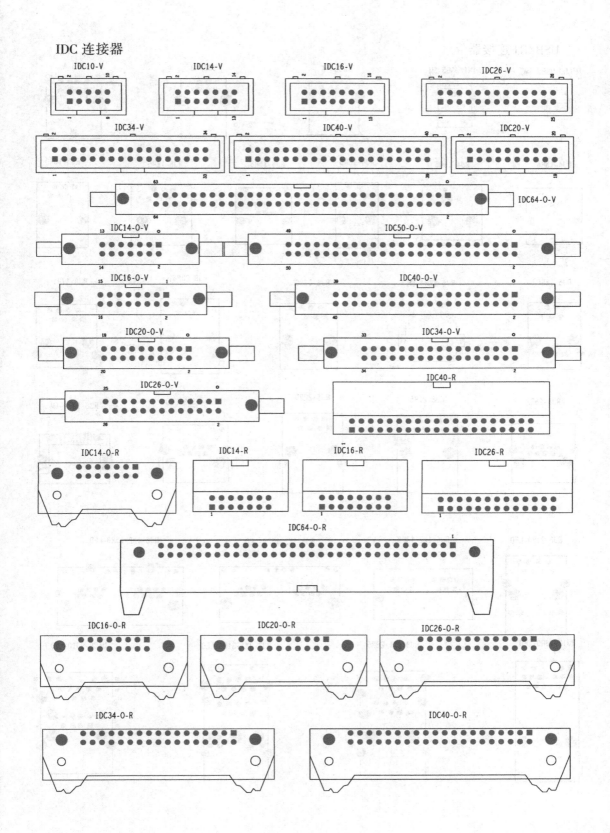

USB/RJ 连接器

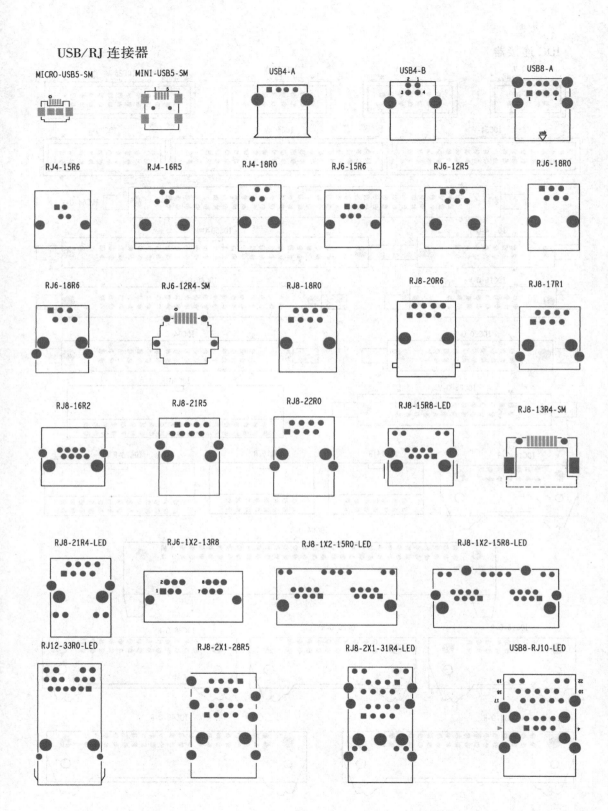

MICRO-USB5-SM MINI-USB5-SM USB4-A USB4-B USB8-A

RJ4-15R6 RJ4-16R5 RJ4-18R0 RJ6-15R6 RJ6-12R5 RJ6-18R0

RJ6-18R6 RJ6-12R4-SM RJ8-18R0 RJ8-20R6 RJ8-17R1

RJ8-16R2 RJ8-21R5 RJ8-22R0 RJ8-15R8-LED RJ8-13R4-SM

RJ8-21R4-LED RJ6-1X2-13R8 RJ8-1X2-15R0-LED RJ8-1X2-15R8-LED

RJ12-33R0-LED RJ8-2X1-28R5 RJ8-2X1-31R4-LED USB8-RJ10-LED

RJ 连接器

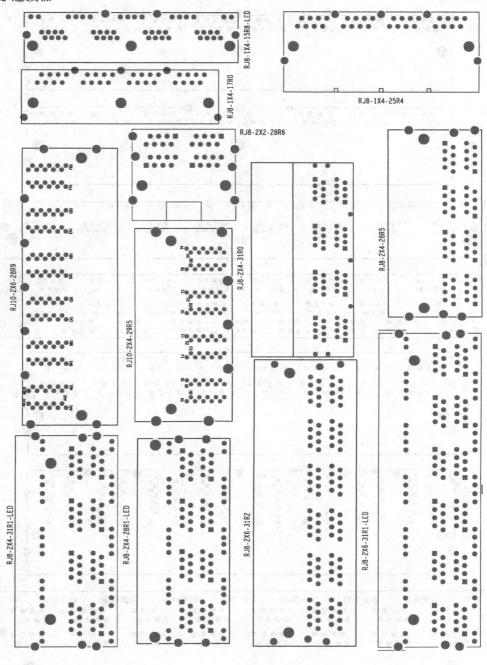

RJ 连接器

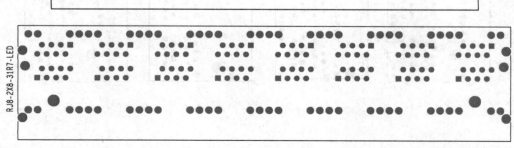

RJ8-1X8-21R0

RJ8-1X8-21R5

RJ8-1X8-15R8-LED

RJ8-2X8-18R0-LED

RJ8-2X8-28R6

RJ10-2X8-28R9

BA10 BB10

AA2 BA2

AA1 AB1 BA1 BB1 CA1 CB1 DA1 DB1 EA1 EB1 FA1 FB1 GA1 GB1 HA1 HB1

RJ8-2X8-31R7-LED

DB 连接器

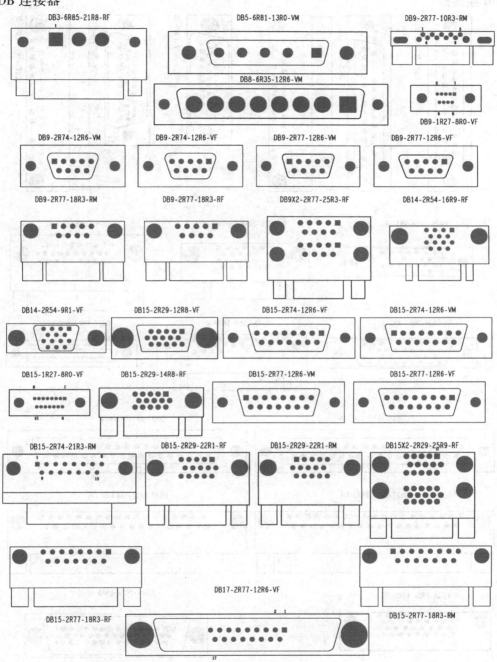

DB 连接器

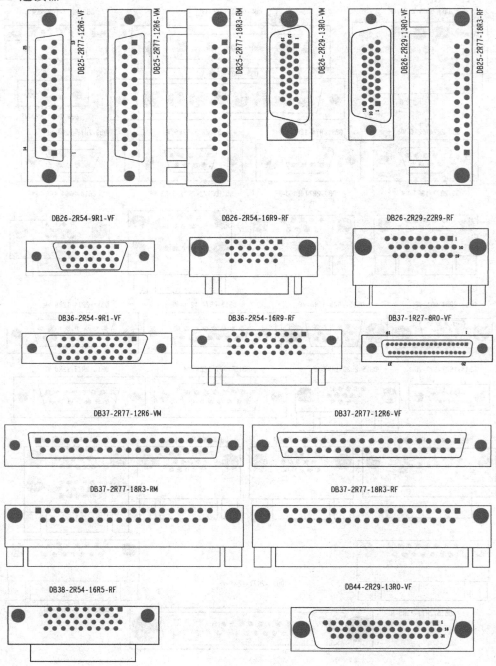

252

DB 连接器

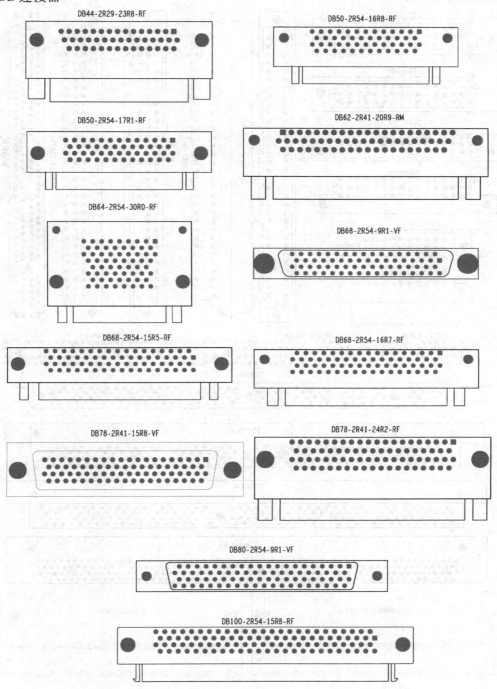

DB44-2R29-23R8-RF

DB50-2R54-16R8-RF

DB50-2R54-17R1-RF

DB62-2R41-20R9-RM

DB64-2R54-30R0-RF

DB68-2R54-9R1-VF

DB68-2R54-15R5-RF

DB68-2R54-16R7-RF

DB78-2R41-15R8-VF

DB78-2R41-24R2-RF

DB80-2R54-9R1-VF

DB100-2R54-15R8-RF

DIN/DIM 连接器

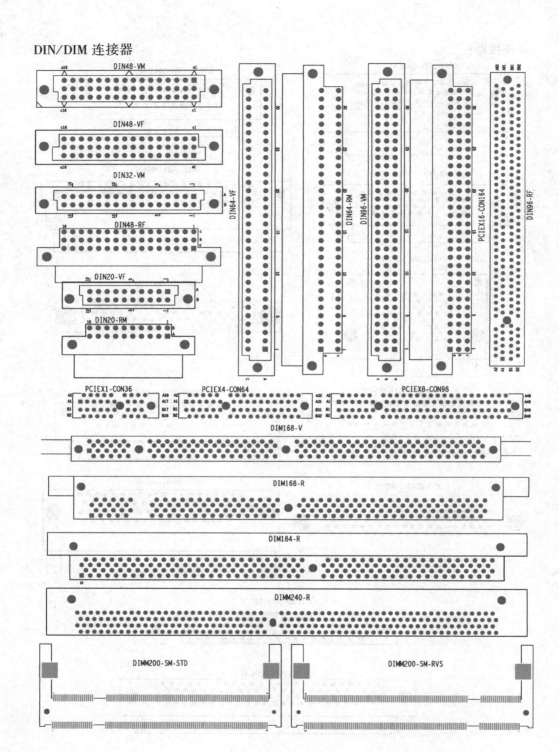

HM/ZD 压接器件

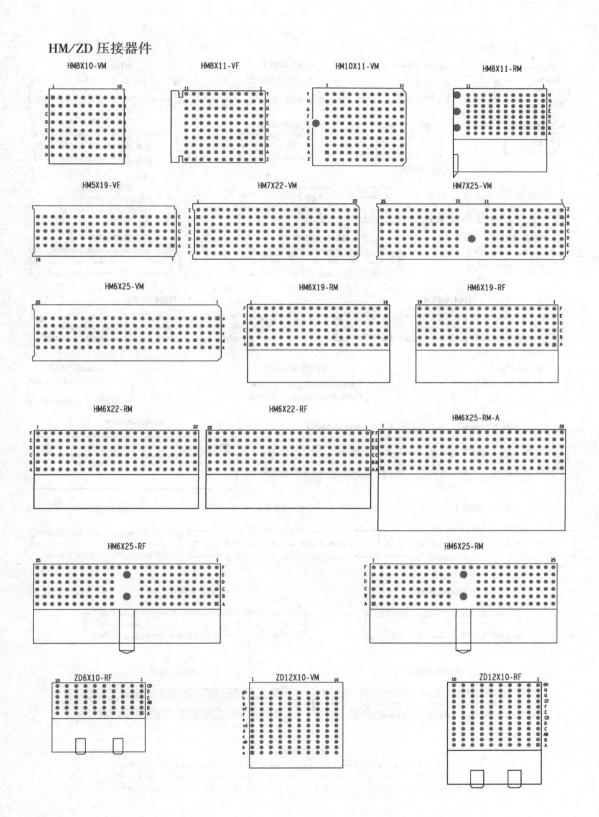

SED 连接器

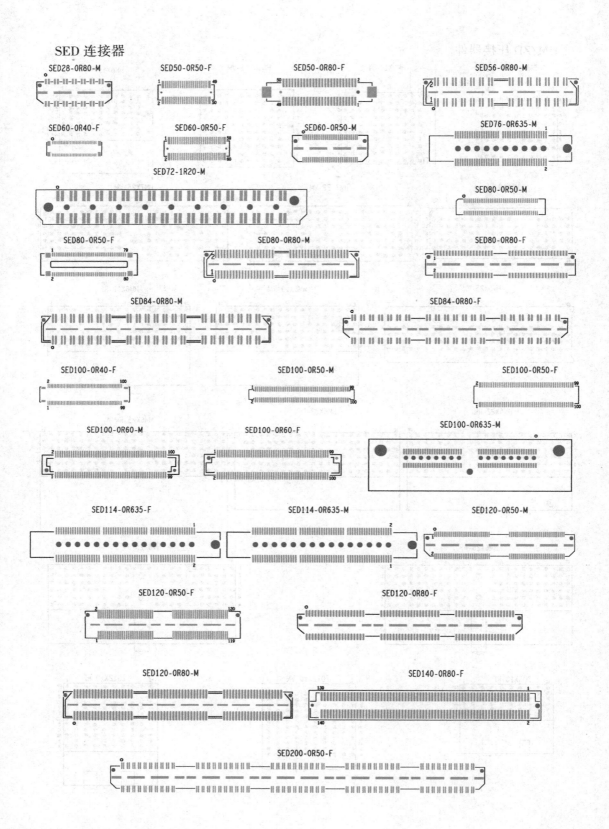

SED28-0R80-M　　SED50-0R50-F　　SED50-0R80-F　　SED56-0R80-M

SED60-0R40-F　　SED60-0R50-F　　SED60-0R50-M　　SED76-0R635-M

SED72-1R20-M　　SED80-0R50-M

SED80-0R50-F　　SED80-0R80-M　　SED80-0R80-F

SED84-0R80-M　　SED84-0R80-F

SED100-0R40-F　　SED100-0R50-M　　SED100-0R50-F

SED100-0R60-M　　SED100-0R60-F　　SED100-0R635-M

SED114-0R635-F　　SED114-0R635-M　　SED120-0R50-M

SED120-0R50-F　　SED120-0R80-F

SED120-0R80-M　　SED140-0R80-F

SED200-0R50-F

DC/AV/FPC/SATA

DC3-14R0X9R0 PWC4-4R20-V PWC6-4R20-V PWC8-4R20-V PWC24-4R20-V

AV5-8R1X18R0-TM AV5-12R0X15R0-TM AV5-6R5X14R2-SM AV7-6R0X14R5-SM AV9-41R1X21R5-TM

FPC4-1R00 FPC10-1R00 FPC20-1R00 FPC26-0R50

FPC24-1R00 FPC32-0R50 FPC40-0R50 FPC50-0R50

FPC40-1R00 FPC45-0R60 HDMI19-15X12R15 SATA7-VF-TM-A

SATA7-VF-TM SATA7-VF-SM SATA7-RF-SM SATA22-RF-SM

BNC/SFP

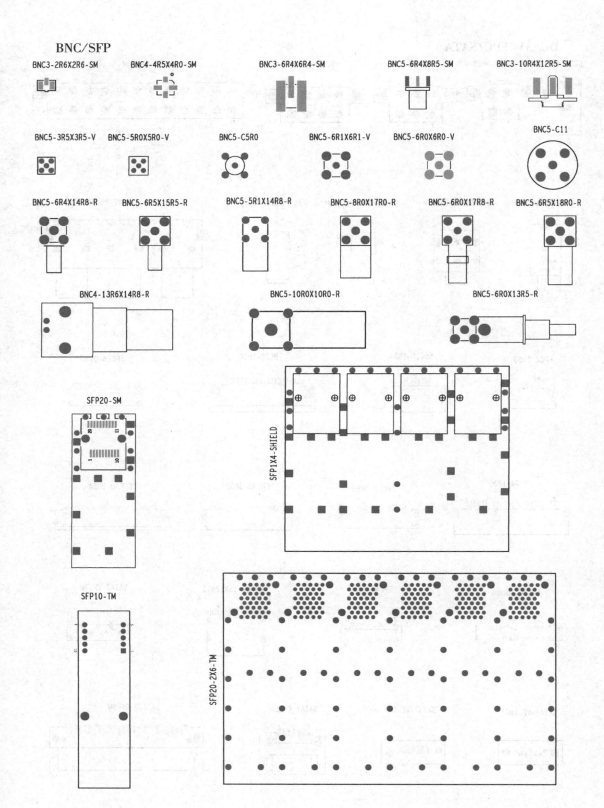

BNC3-2R6X2R6-SM BNC4-4R5X4R0-SM BNC3-6R4X6R4-SM BNC5-6R4X8R5-SM BNC3-10R4X12R5-SM

BNC5-3R5X3R5-V BNC5-5R0X5R0-V BNC5-C5R0 BNC5-6R1X6R1-V BNC5-6R0X6R0-V BNC5-C11

BNC5-6R4X14R8-R BNC5-6R5X15R5-R BNC5-5R1X14R8-R BNC5-8R0X17R0-R BNC5-6R0X17R8-R BNC5-6R5X18R0-R

BNC4-13R6X14R8-R BNC5-10R0X10R0-R BNC5-6R0X13R5-R

SFP20-SM

SFP1X4-SHIELD

SFP10-TM

SFP20-2X6-TM

258

电源模块 PWR

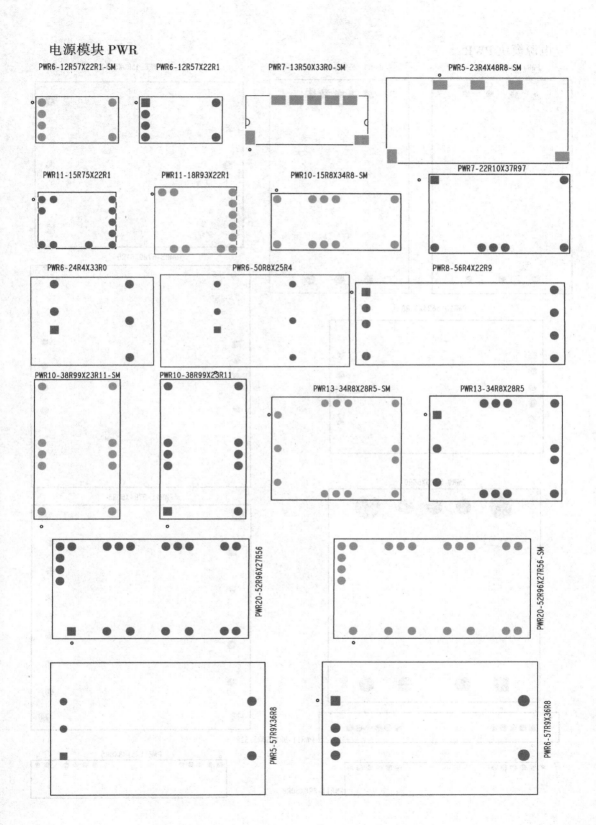

PWR6-12R57X22R1-SM PWR6-12R57X22R1 PWR7-13R50X33R0-SM PWR5-23R4X48R8-SM

PWR11-15R75X22R1 PWR11-18R93X22R1 PWR10-15R8X34R8-SM PWR7-22R10X37R97

PWR6-24R4X33R0 PWR6-50R8X25R4 PWR8-56R4X22R9

PWR10-38R99X23R11-SM PWR10-38R99X23R11 PWR13-34R8X28R5-SM PWR13-34R8X28R5

PWR20-52R96X27R56 PWR20-52R96X27R56-SM

PWR5-57R9X36R8 PWR6-57R9X36R8

电源模块 PWR

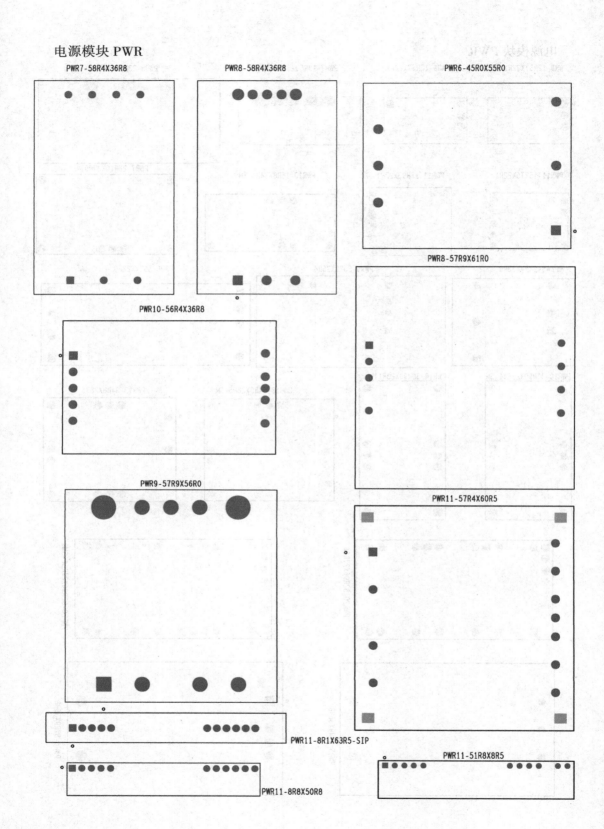

PWR7-58R4X36R8
PWR8-58R4X36R8
PWR6-45R0X55R0
PWR8-57R9X61R0
PWR10-56R4X36R8
PWR9-57R9X56R0
PWR11-57R4X60R5
PWR11-8R1X63R5-SIP
PWR11-8R8X50R8
PWR11-51R8X8R5

FINGER/CARD

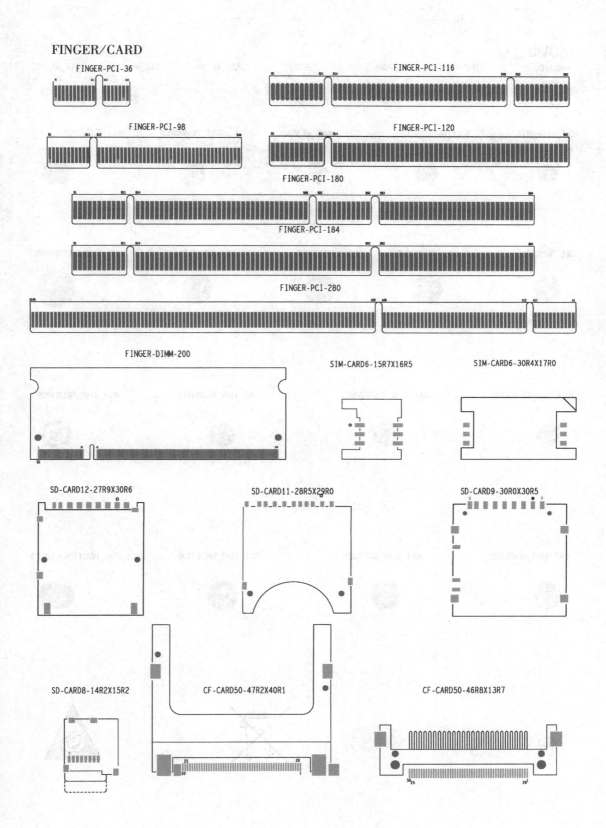

FINGER-PCI-36

FINGER-PCI-116

FINGER-PCI-98

FINGER-PCI-120

FINGER-PCI-180

FINGER-PCI-184

FINGER-PCI-280

FINGER-DIMM-200

SIM-CARD6-15R7X16R5

SIM-CARD6-30R4X17R0

SD-CARD12-27R9X30R6

SD-CARD11-28R5X29R0

SD-CARD9-30R0X30R5

SD-CARD8-14R2X15R2

CF-CARD50-47R2X40R1

CF-CARD50-46R8X13R7

其他

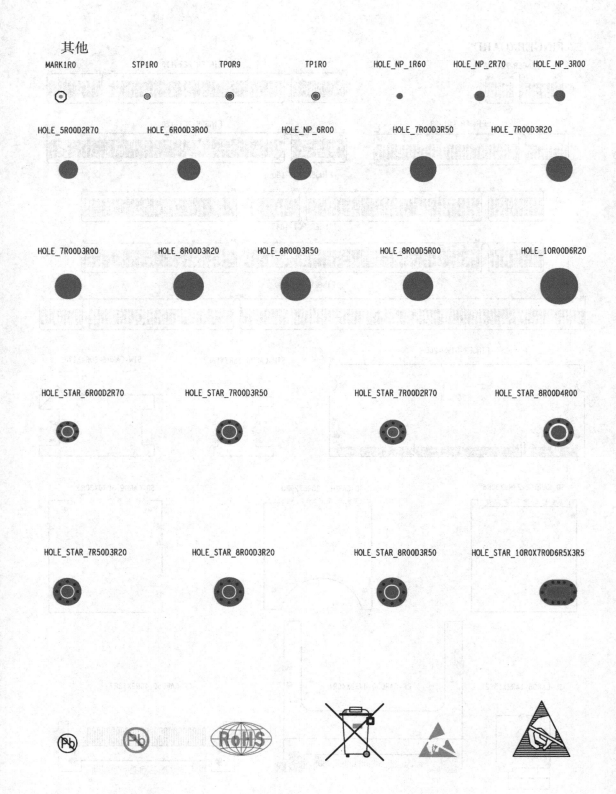

MARK1R0　STP1R0　TP0R9　TP1R0　HOLE_NP_1R60　HOLE_NP_2R70　HOLE_NP_3R00

HOLE_5R00D2R70　HOLE_6R00D3R00　HOLE_NP_6R00　HOLE_7R00D3R50　HOLE_7R00D3R20

HOLE_7R00D3R00　HOLE_8R00D3R20　HOLE_8R00D3R50　HOLE_8R00D5R00　HOLE_10R00D6R20

HOLE_STAR_6R00D2R70　HOLE_STAR_7R00D3R50　HOLE_STAR_7R00D2R70　HOLE_STAR_8R00D4R00

HOLE_STAR_7R50D3R20　HOLE_STAR_8R00D3R20　HOLE_STAR_8R00D3R50　HOLE_STAR_10R0X7R0D6R5X3R5

反侵权盗版声明

电子工业出版社依法对本作品享有专有出版权。任何未经权利人书面许可，复制、销售或通过信息网络传播本作品的行为；歪曲、篡改、剽窃本作品的行为，均违反《中华人民共和国著作权法》，其行为人应承担相应的民事责任和行政责任，构成犯罪的，将被依法追究刑事责任。

为了维护市场秩序，保护权利人的合法权益，本社将依法查处和打击侵权盗版的单位和个人。欢迎社会各界人士积极举报侵权盗版行为，本社将奖励举报有功人员，并保证举报人的信息不被泄露。

举报电话：（010）88254396；（010）88258888

传　　真：（010）88254397

E-mail：dbqq@ phei. com. cn

通信地址：北京市海淀区万寿路 173 信箱

　　　　　电子工业出版社总编办公室

邮　　编：100036